土壤水文异质性对流域水文过程的影响

贺缠生　张兰慧　王一博　著

科学出版社

北京

内 容 简 介

土壤水文性质是指影响土壤下渗、产流、蒸散发等各个水文过程的土壤物理和化学性质，其异质性是指土壤水文性质在不同时空尺度的差异性。本书旨在揭示土壤水文性质的异质性及其对流域水文过程的影响机制，以更准确地描述和模拟流域水文过程。本书分 8 章系统地介绍了土壤水文异质性在国内外的研究进展、黑河上游土壤水文性质的时空分布特征及其与环境因子的关系，以及土壤水文性质的异质性对流域水文过程的影响机制及模拟分析。

本书可作为从事土壤水文性质异质性及其影响研究的人员的工具书和参考书，供水文及水资源、环境科学、环境工程、地下水科学与过程、生态科学、自然地理等领域的专家、学者、研究生，以及高年级本科生参考使用。

图书在版编目（CIP）数据

土壤水文异质性对流域水文过程的影响/贺缠生，张兰慧，王一博著.
—北京：科学出版社，2018.5
ISBN 978-7-03-057331-5

Ⅰ.①土… Ⅱ.①贺…②张…③王… Ⅲ.①土壤水–影响–水文学–研究 Ⅳ.①P33

中国版本图书馆 CIP 数据核字(2018)第 092036 号

责任编辑：杨帅英 赵 晶 / 责任校对：韩 杨
责任印制：徐晓晨 / 封面设计：图阅社

科 学 出 版 社 出版
北京东黄城根北街 16 号
邮政编码：100717
http://www.sciencep.com

北京建宏印刷有限公司 印刷
科学出版社发行 各地新华书店经销

*

2018 年 5 月第 一 版 　开本：787×1092 1/16
2019 年 5 月第二次印刷 　印张：9 1/4 插页：8
字数：240 000
定价：98.00元
(如有印装质量问题，我社负责调换)

序

　　土壤是联系大气水、地表水、地下水和植物水并进行水分交换的核心地带，既是储藏和交换碳、氮、磷等多种营养元素和气体的载体，也是动植物及微生物相互作用的复杂生态系统。受气候、母质、地貌和生物多样性等自然因素与人为活动的综合作用，土壤类型有明显的区域性和地带性差异，与其相对应的土壤物理、化学和生物性质均有着极强的异质性。土壤水文性质是指影响水文过程的土壤物理和化学性质的各种参数，也是研究土壤水分和溶质运移的重要参数。土壤水文性质的异质性则是上述各种参数在不同时空尺度的差异性。土壤水文性质的空间异质性直接影响地球表面气候、生态和水文过程及其相互作用。针对土壤水文异质性开展研究，辨识不同尺度上影响水文过程的主要土壤水文性质因子，分析土壤水文异质性对流域生态-水文过程的影响机制，更准确地描述和模拟水文过程，提高流域生态-水文模拟的连续性和准确性，为流域水资源评价、合理配置和高效管理提供科学依据，推动流域生态环境保护和社会经济可持续发展。

　　过去几十年，国内外相关研究主要关注土壤水文性质的获取与计算。近年来，土壤水文异质性对水文过程影响的研究开始受到越来越多的重视。但受限于采样和分析难度，土壤水文异质性的研究主要集中在土壤入渗特性、土壤水分、土壤质地及土壤容重等较易测定的土壤物理性质上，且相关研究也多集中在点尺度数据的对比分析上，鲜有土壤水文性质异质性对水文过程影响的研究。

　　在国家自然科学基金委员会"黑河流域生态-水文过程集成研究"计划的支持下，该书作者自 2012 年以来连续五个夏秋在祁连山区坚持野外监测，艰苦卓绝，风餐露宿，克服了重重困难，开展"黑河上游土壤水文异质性观测试验及其对山区水文过程的影响"的研究工作。项目组基于建立的样点-样带-流域土壤水文性质观测体系，测定土壤水文性质并观测相应的水文过程，揭示土壤水文异质性对流域水文过程的影响机制，更准确地描述和模拟了流域水文过程。该书系统地介绍了土壤水文异质性在国内外的研究进展，黑河上游土壤水文性质的时空分布特征及其与环境因子的关系，以及土壤水文性质的异质性对流域水文过程的影响机制及模拟分析。该书的出版可为流域生态-水文模型参数优化、过程耦合、水资源合理配置和高效管理提供科学依据，进一步推动流域生态-水文过程的研究。

中国科学院院士　傅伯杰

2017 年 12 月

前　言

　　土壤层是大气水、地表水、地下水和植物水发生联系并进行水分交换的核心地带，也是储藏和交换碳、氮、磷等多种营养元素与气体的载体，还是一个由动植物及微生物组成并相互作用的复杂生态系统。土壤的形成、变化和空间分布直接影响地球表面化学、气候、生态和水文过程及其相互作用。受气候、地质、地貌和生物多样性的影响，土壤的物理、化学和生物性质有着极强的异质性。土壤水文性质异质性（即影响土壤下渗、产流、蒸散发等各个水文过程的土壤物理和化学性质的各种土壤水文参数在不同时空尺度的差异性）研究，特别是定量化研究，可以辨识不同尺度上影响水文过程的主要土壤水文性质因子，分析土壤水文异质性对流域水文过程的影响机制，更准确地描述和模拟水文过程，提高流域水文模拟的连续性和准确性，为流域模型集成、水资源评价、合理配置和高效管理提供科学依据和支持，推动流域生态环境保护和社会经济系统可持续发展。

　　过去几十年，大量的水文研究涉及土壤水文性质获取与计算，土壤水文异质性对水文过程影响的研究也开始受到越来越多的重视。国内对土壤性质空间变异性的研究起步较晚。进入 20 世纪 80 年代以后，我国学者才逐渐认识到土壤性质空间变异性研究的重要性和实用性，并先后在土壤调查和土壤水分变异等方面进行了研究。目前，土壤空间变异性研究主要集中在土壤入渗特性、土壤水分、土壤质地及土壤容重等较易测定的土壤物理性质上，关注土壤化学性质及其影响的研究较少。受限于采样和分析难度，相关研究也多集中在点尺度数据的对比分析上，且鲜有土壤水文性质的异质性对水文过程影响的研究。

　　流域是地球系统的基本单元，无论从水文学、生态学还是从社会经济学角度，流域都是对生态-水文问题进行综合研究的最佳对象。因此，以流域为单元，建立遥感-地面一体化的综合集成观测系统是当前地球表层系统科学研究中的一个重要趋势。国家自然科学基金委员会于 2010 年启动的"黑河流域生态-水文过程集成研究"重大研究计划(简称"黑河计划")以我国西北黑河流域为典型研究区，从系统学思路出发，通过建立包括观测、实验、模拟、情景分析及决策支持等环节的"以水为中心的生态-水文过程集成研究平台"，揭示不同尺度（叶面尺度、个体植物尺度、群落尺度、景观尺度与流域尺度）上的生态-水文过程相互作用规律，研究气候变化和人类活动共同影响下内陆河流域的生态-水文过程机理，发展生态-水文过程尺度转换方法，建立耦合生态、水文和社会经济的流域集成模型和水资源管理决策支持系统。"黑河计划"旨在提高对内陆河流域水-生态-经济系统演变的综合分析与预测预报能力，为国家内陆河流域水安全，生态安全，以及经济的可持续发展提供基础理论和科技支撑，使我国流域生态-水文研究进入国际先进行列。

　　为了弥补黑河流域土壤水文研究的不足，在国家自然科学基金委员会"黑河计划"

的支持下,我们开展了"黑河上游土壤水文异质性观测试验及其对山区水文过程的影响"的研究工作。本书在黑河上游干流和中西部水系建立了样点-样带-流域土壤水文性质观测体系,测定土壤水文属性并观测相应的水文过程,揭示土壤水文性质空间异质性;阐明土壤水文异质性分布与环境因子的关系,发展空间尺度拓展方法;改进现有分布式水文模型,分析土壤水文异质性对流域水文过程的影响机制,为黑河流域生态-水文模型集成提供参数和数据基础,为水资源合理配置和高效管理提供科学依据,推动黑河流域乃至整个内陆河流域生态-水文研究工作。本书的创新之处在于:①建立黑河流域上游样点-样带-流域尺度土壤水文性质的整体观测体系,揭示土壤水文性质的空间变异规律,阐明水文过程与土壤水文性质和环境变量之间的关系;②基于数据观测、过程分析和模型模拟,揭示土壤水文异质性对流域水文过程的影响机制。

本书各章节是基于我们研究项目的结果撰写的,包括我们团队发表的论文、博士后出站报告、博士和硕士研究生毕业论文等。编写分工如下:第 2 章由田杰编写;第 3 章由王一博和王忠富编写;第 4 章由杨礼箫和李金麟同学编写;第 5 章由张兰慧、赵琛和白晓编写;第 6 章由顾娟、张兰慧、金鑫、杨礼箫和蒋忆文编写;第 7 章由田杰和金鑫编写,其余各章由贺缠生编写,并由张兰慧统稿,最后由贺缠生定稿。在此衷心感谢国家自然科学基金委员会对我们的支持,感谢所有参与"黑河上游土壤水文异质性观测试验及其对山区水文过程的影响"项目的成员的精诚协作和辛勤努力。"旱区流域科学与水资源研究中心"研究团队,特别是王一博教授、张兰慧博士、李金麟、赵琛、田杰、张喜风、金鑫、吴维臻、蒋忆文、杨礼箫、白晓和王忠富等成员,自 2012 年以来连续五个夏秋在祁连山区艰苦卓绝,风餐露宿,克服重重困难,建立黑河上游土壤水文定位观测体系,取得了宝贵数据。各位老师、同学的辛苦付出是本书得以成形的基础。同时,杨礼箫、韩智博、祝毅、曾晟轩、王学锦、朱昱作、谈幸燕、张明敏等先后进行整理文稿、校对和制图等,借此机会一并表示衷心的感谢。

本书是笔者自 2011 年受聘中央组织部国家"千人计划"特聘专家和兰州大学"千人计划"特聘教授后,在国家自然科学基金委员会"黑河流域生态-水文过程集成研究"计划重点研究项目和兰州大学"千人计划"特聘教授科研启动资金的共同支持下完成的。在此期间,在工作和生活上得到了兰州大学西部环境教育部重点实验室、原西部环境与气候变化研究院、资源环境学院及校和相关部门领导与同仁的多方帮助和大力支持,在此表示衷心的感谢。

由于作者水平有限,书中不足与疏漏之处在所难免,敬请各位专家学者与广大读者给予批评指正,以便对本书进行进一步的修改和完善。

贺缠生

2017 年 11 月

目　　录

第1章 绪 论

1.1 目的与意义

土壤层是大气水、地表水、地下水和植物水发生联系并进行水分交换的核心地带，也是储藏和交换碳（C）、氮（N）、磷（P）等多种营养元素和气体的载体，还是一个由动植物及微生物组成并相互作用的复杂生态系统。土壤的形成、变化和空间分布直接影响地球表面化学、气候、生态和水文过程及其相互作用（Jury and Horton，2004；Amundson et al.，2015）。就水循环而言，土壤水（绿水）提供了全球农业生产90%的水分需求，相当于全球65%的淡水资源量（Amundson et al.，2015）。

受气候、地质、地貌和生物多样性的影响，土壤的物理、化学和生物性质有着极强的异质性（Amundson et al.，2015）。土壤水文性质，指的是直接或间接影响土壤下渗、产流、蒸散发等各个水文过程的土壤物理和化学性质，主要指标有土壤质地、结构、孔隙度、容重、入渗率、饱和导水率、土壤水分特征曲线和有机质等（Bormann and Klaassen，2008）。土壤水文性质是研究土壤水分和溶质运移的重要参数（Nielsen et al.，1973；Rawls and Brakensiek，1982；Merz and Plate，1997；Saulnier et al.，1997），各种土壤水文参数在不同时空尺度表现出较强的差异性（王军等，2002；邵明安等，2006），即使在土壤质地相同的微地域，同一时刻不同位置上的土壤水文属性值也是不同的。土壤水文的异质性在地形复杂、下垫面变化强烈的山区尤为明显（华孟和王坚，1992）。土壤水文性质的空间异质性对水文过程有明显影响。例如，入渗率高的砂性土壤，降水入渗快，深层渗漏大，相应地，产生地表径流和蒸散量都较小；而入渗率低的黏性土壤，水文过程则恰恰相反（Jury and Horton，2004）。流域径流及其他水分平衡分量的分配在很大程度上受土壤水文性质的制约（Merz and Plate，1997；Tague，2005；Zimmermann et al.，2006；McDonnell and Beven，2014；Hailegeorgis et al.，2015；Mekonnen et al.，2016）。

土壤水文性质异质性的研究，即基于观测资料或数据，得到各土壤水文性质参数的时空变化特征、参数自身及参数之间的时空关系，将分析成果应用于确定合理的观测点或采样数目，对观测点的参数进行最优估值等，并分析预测土壤水文性质参数状态变量的时空分布（MeBratuey and Pringle，1999）。土壤水文性质异质性的研究，特别是定量化研究，可以辨识不同尺度上影响水文过程的主要土壤水文性质因子，分析土壤水文异质性对流域水文过程的影响机制，更准确地描述和模拟水文过程，提高流域水文模拟的连续性和准确性，为流域模型集成、水资源评价、合理配置和高效管理提供科学依据和支持，推动流域生态环境保护和社会经济系统可持续发展（Nijzink et al.，2016）。

1.2 研 究 进 展

过去几十年，有大量的水文研究涉及土壤水文性质获取与计算（雷志栋和谢森传，1982；Saulnier et al.，1997；Romano and Palladino，2002；Vereecken et al.，2015），土壤水文异质性对水文过程的影响也开始受到越来越多的重视（Pachepsky et al.，2006；Bouma et al.，2011）。本节就国内外土壤水文异质性对水文过程影响的研究进展介绍如下。

1.2.1 土壤水文性质空间分布研究

土壤变异可分为系统变异和随机变异两大部分。一方面利用大量数据建立统计诊断指标，将土壤划分成仅有内部随机变异的分类或制图单元，从而使单元间的变异为最大，即将土壤变异梯度最大处作为划分界线。另一方面在田间实验和土地利用规划中，以统计学原理设置采样点，测定土壤变异性的某些指标，如估计方差、标准差、变异系数等，并在推广田间技术和土地利用经验时，考虑土壤变异性的影响（沈思渊，1989）。

田间实地调查表明，在同一类型土壤中，土壤特性表现出明显的差异性；在土壤质地相同的区域内，土壤特性参数在各个空间位置上也不相同。对于这种差异性，以往多采用 Fisher 所创立的传统统计方法来进行分析（Burruogh，1983a，1983b）。地统计学则可用于土壤特性空间变异研究的定量分析。Campbell（1978）在研究两个土壤制图单元中砂粒含量和 pH 变异时，首先使用了地统计学。大量的研究将地统计学引入土壤科学中（Burgess and Webster，1980；Burrough，1983a，1983b；Webster and Burgess，1980；Yost，1982a，1982b）。美国于 20 世纪 70 年代后期陆续将地统计学理论应用于土壤调查、制图及土壤变异性的研究中。到了 80 年代，统计学方法已成为研究空间变异最常用的方法，并取得了很大成就。地统计学既可用来估测土壤性质的分布，也可用于确定土壤变异的空间尺度和模式，以提高采样的有效性，还可用于研究引起土壤变异的各种过程。随着对土壤研究的加深和数学统计方法的普及，一些新方法，如基于序贯仿真的马尔克夫链（Markov chain sequential simulation，MCSS）、人工神经网络等也被逐步应用到土壤性质空间变异性的分析中。

国内对土壤性质空间变异性的研究起步较晚。进入 20 世纪 80 年代以后，我国学者才逐渐认识到土壤空间变异研究的重要性和实用性，先后在土壤调查和土壤水分变异等方面进行了研究。90 年代以来，我国土壤空间变异性研究取得了长足发展。

目前，土壤空间变异性研究主要集中在土壤入渗特性、土壤水分、土壤质地及土壤容重等较易测定的几个土壤物理性质，关注土壤化学性质及其影响的研究较少。受限于采样和分析难度，相关研究也多集中在点尺度数据的对比分析上。由于黑河上游属于高寒山区，季节性冻土约占其面积的 65%（宁宝英等，2008），对水文过程产生重要影响（Zhang et al.，2016）。国内对青藏高原多年冻土区土壤水文特征的研究更多地集中于土壤入渗过程，以及区域面上土壤水分特征曲线的研究，鲜有基于土壤纵向不同深度土层的土壤水分特征曲线的研究（文晶等，2013）。

1.2.2　土壤水文性质及过程原位监测和尺度拓展

1. 原位观测

目前进行原位观测的土壤水文性质主要有土壤水分、入渗率、土壤粒度分布、土壤有机质含量、土壤饱和导水率等。土壤水分是获得关注最多的土壤水文性质，其观测从 20 世纪中叶就开始进行了。当前，土壤水分测定方法主要有以下几类。

（1）烘干法。该方法是通过高温将土壤中的水分与土壤分离后，以质量或体积的形式计算土壤水损失量，从而计算得出土壤质量或体积含水量。该方法是最为传统的土壤水分测定方法，也是土壤含水量测定的标准方法，一直沿用至今。它的优点是测定精度高、误差小，而缺点则是耗时费力，且采样时会破坏原状土。

（2）电磁感应传感器法。这类方法是利用电磁性质（如介电性）测定土壤含水量一类方法的总称，包括 3 种测定仪器：频率反射仪（frequency domain reflectometry，FDR）、时域反射仪（time domain refractometer，TDR）和时域传输仪（time domain transmission，TDT）。其中，TDR 类型有针式 TDR 和管式 TDR 两种，国内广泛使用的为德国 IMKO 公司生产的 TRIME 等。TDR 法测量精准，且便于携带，测量时对于土壤无破坏性，已成为土壤含水量测定的常用方法之一（Mittelbach et al.，2012）。与 TDR 相比，TDT 省电且价格相对便宜，因而成为近年来土壤水分监测的常用方法（Blonquist et al.，2005）。FDR 虽然测量精度不如 TDR 与 TDT，但在对研究地区采样进行校正之后，其精度也可达到相对理想程度；而且由于它的测定速度明显快于 TDR 和 TDT，因此其在大尺度大规模（流域或者区域）水文或者农业观测实验中应用更广。

（3）热脉冲法。该方法通过传感器的一个针头发出短热脉冲，随后在传感器另一个针头处测量其温度反应，进而得到土壤水分值（Campbell et al.，1991）。Bristow（1998）通过室内和田间试验测试发现该方法可以应用，但是仍存在高估土壤水分的情况。

（4）遥感法。遥感法根据其成像原理差异主要分为主动遥感和被动遥感。主动遥感是接收其感应器发出的辐射波，该辐射波在遇到目标物体后反射，感应器再接收该辐射波，基于该分析目标物体然后成像。在土壤水分测量中，应用广泛的主动遥感技术或仪器包括高分辨率相机、雷达、ASCAT（advanced scatterometer）等。主动遥感有较高的空间分辨率，其精度大多为 30～1000m，有些甚至能够达到 10m 之内，但容易受到天气条件限制。被动遥感的感应器本身不发射辐射波，只被动接受目标物体的辐射波。常见的被动遥感技术或仪器主要是卫星遥感技术，包括 AMSR-E（advanced microwave scanning radiometer-earth observing system）和 SMOS（soil moisture and ocean salinity）等。与主动遥感相比，被动遥感技术时间分辨率相对较高，一般为 1～3 天；但是缺乏较高的空间分辨率，其空间分辨率多为 25～50 km。当前，遥感土壤水野外原位观测土壤入渗率的设备包括单环及双环入渗仪（Lai and Ren，2007）、圆盘入渗仪（Reynolds and Elrick，1991）、Hood 入渗仪等（Buczko et al.，2006）。原位观测可以保证数据的准确性，但由于其空间异质性，入渗率的大小会随着测量尺度的变化而变化（Lai and Ren，2007）。

单环入渗试验可分为定水头和变水头入渗试验两种，试验设备简易，操作简单，野外携带方便，并具有自由调节试验区大小的特点，可用以反映土壤水力性质的空间尺度变化（程勤波等，2010）。

双环入渗仪也是一种简单设备，用来测量水渗入土壤的渗透速度。渗透速率是指单位时间内单位表面积的水渗入量，可通过测量结果和达西定律计算而得。标准装置包括数套不同直径的不锈钢环，可同时进行几个测量，以得到正确可靠的结果。垂直渗透水流向边缘时，入渗仪的外环就可以起到隔离的作用。由于内环中的水是垂直流动的，因而测量仅限于在内环中进行。要取得满意的测量结果，一定要考虑以下几个可能影响测量的因素：表面植被、土壤的紧压程度、土壤温度及土壤分层。一般使用方法如下：①把双环放到试验地点，双手按压双环置入土壤或用铁锤敲击均匀进入土壤；②用马氏瓶给内外环同时供水，保持同一水位不变；③用秒表记录试验时间，同时记录马氏瓶相应水位的变化。

圆盘入渗仪由于操作快速简单，便于测定田间表层土壤水力特征，目前已成为田间测定土壤水力参数的常用仪器，且近年来得到了较快发展。Angulo 等（2000）对有关研究进行了评述，指出圆盘入渗仪将成为未来田间测定表层土壤水力参数的重要手段。圆盘入渗仪的入渗过程被认为是三维入渗，其入渗过程可以用 Richard 方程来描述。但在入渗开始的短时间内，圆盘入渗忽略了重力作用和扩散作用，可看作一维入渗（Philip，1969）。

Hood 入渗仪用于测量土壤的入渗速率。该方法无需接触层，压头直接安装在土壤表面，通过导水管导水，可随时补充压力且直接读数。其特点如下：①渗透室直接位于土壤表面，无需专门的接触层，也不需要土壤表面预处理；②渗透室压力由"马里奥特"供水系统调节；③土壤表面压力可以在零和任何负压间调节，直到土壤起泡点；④土壤表面压力及起泡点可以通过 U 形管压力计直接测量出来，且精度达到 1mm；⑤导水率的计算基于 Wooding 平衡方程，且结果可以用图表和图形的方式表达。

通常，土壤水文性质通过实测法测定，即野外原位采样后进行实验分析测定而得。实测法均为点尺度测量，无法获得大尺度上土壤水文性质的空间分布信息。遥感方法则可获取从局地尺度到大尺度上土壤水文性质的空间分布信息，包括土壤水分特征曲线参数与土壤水力属性。但是遥感方法仅能观测表层（0～5cm）土壤属性，且其测量精度受多种因素控制，具有局限性，有待原位观测数据的验证（Mohanty，2013）。此外，还可通过模型反演获取土壤水文性质，如土壤水分特征曲线与土壤水力属性等的空间分布（Qu et al.，2015）。

2. 尺度拓展研究

土壤水文性质尺度拓展是指利用某一尺度上所获得的土壤水文性质信息和知识来推测其他更大或更小尺度上土壤水文性质的过程（赵文武等，2002；Liu and Weng，2009；

Nelson and Cook，2007；Manson，2008）。尺度拓展包括升尺度和降尺度，升尺度是指将小尺度的信息推绎到大尺度上的过程，而降尺度则是将大尺度上的信息推绎到小尺度上的过程（Wu and Qi，2000；Zurlini et al.，2006；孙庆先等，2007；邬建国，2007）。在尺度拓展过程中，土壤、地形、植被及气象因素都会对土壤水文性质的拓展结果产生影响（Reynolds，1970；Sharma and Luxmoore，1979；Loague，1992；Charpentier and Groffman，1992；Rodriguez-Iturbe et al.，1999；Mohanty and Skaggs，2001）。

1）影响因素

地形是影响土壤水文性质空间分布的主要因子之一（Raghubanshi，1992；Chen et al.，1997；Burke et al.，1999；Baggaley et al.，2009；Wang et al.，2012；Sur et al.，2013；Zhu and Lin，2011）。地形因子主要包括坡度、坡向、坡形、上坡贡献区域，以及相对高程。研究表明，土壤有机碳、土壤总氮、土壤水力等属性均受坡度、坡向、坡位的影响，呈现出不同的分布规律（Wang et al.，2001a，2001b；Jarvis et al.，2013；Price et al.，2010；Tian et al.，2017；Seibert et al.，2007）。坡度影响水分下渗、排水状况及径流过程（Famiglietti et al.，1998；Gómez-Plaza et al.，2001），因而改变土壤水文性质的空间分布。坡度陡的地区水分下渗量少、排水条件好，因而不利于降雨入渗的产生，但利于径流的产生（Famiglietti et al.，1998）。同时，坡度陡的地区由于水分流失大，往往水分含量低，而坡度缓的地区则由于土壤水分的长期积累，其水分含量较高。通常土壤水分随着坡度的增加而减少（Moore et al.，1988；Qiu et al.，2001）。在坡面尺度上，由于坡向不同，土壤水分会存在差异（Ridolfi et al.，2003；Moore et al.，1988）。坡向主要是通过影响太阳辐射和降雨分布（Bi et al.，2010），来影响土壤水分的空间分布。一般来说，北坡土壤水分比南坡高（Qiu et al.，2001；Wang et al.，2001a；赵琛等，2014）。相对高程常与其他影响因子，如土壤物理性质、地形属性等相关（Famiglietti et al.，1998），从而影响土壤水分的空间分布。随着相对高程的增加，土壤水分降低（Qiu et al.，2001）。

土壤物理性质，如土壤质地、结构、容重、有机质含量和孔隙度等，还有受到这些因素影响的土壤水文性质，均对土壤水分空间分布有较大影响。受土壤颗粒大小和孔隙度的影响，以及它们对土壤水文过程的影响，土壤水分可能会在很小的范围内表现出明显的空间差异（Crow et al.，2012）。在非常湿润的条件下，土壤水分变异性主要受到渗透系数及孔隙度的影响（Vereecken et al.，2007）。因而，土壤物理性质是影响土壤水分空间异质性的重要因子（Vereecken et al.，2007）。

地表覆被状况对于理解土壤水文性质的空间分布也十分重要，不同的地表覆被状况能够直接影响土壤水文过程。与地形和土壤因子相比，植被对土壤水分空间异质性的影响更加动态化（Crow et al.，2012），一方面可通过根系提水影响入渗、蒸散发等，从而直接影响土壤水分的空间分布（Fernande-Illescas et al.，2001）。另一方面，地表覆被状况也会改变土壤孔隙结构、土壤性质等特征，进而影响土壤水文性质（Tian et al.，2017）。例如，与草地和裸地相比，林地一般较为疏松，富含有机质，质地较轻。因此，林地容重较小，非毛管孔隙较多，有效储水量较大。同时，根系的存在，改善了土壤结构（Gyssels et al.，2005），导致林地一般具有较高的入渗能力（Rienzner and Gandolfi，2014；Tian et al.，2017）。普遍认为，在相对潮湿的土壤条件下，由于不受限制的植被根系提水，土壤水分变异性较大；而在相对干旱的土壤条件下，由于植被能够从较湿润的土壤提取水分，土壤水分变异性较小（Bouten et al.，1992；Ivanov et al.，2010）。

气象因子，主要是太阳辐射、风速、降水和湿度的变化均会影响到土壤水文性质，尤其是土壤水分的空间分布。其中，降雨是对土壤水分空间分布影响最大的气象要素（Crow et al.，2012）。Sivapalan 等（1987）通过研究径流的主要形成机理发现，径流形成的机理受到降雨的特征，以及前期土壤水分状况导致的土壤水分空间异质性的影响。同样的，Salvucci（2001）在美国伊利诺伊州的研究表明，降水量与土壤水分、径流及蒸散发密切相关。

2）尺度拓展方法

基于野外实地观测获取的土壤水文数据，利用数学统计方法得到区域土壤水文性质是当前可行且有效的尺度拓展方法（Chen et al.，2016）。目前，通过发现空间上不同位置间的联系，建立起不同观测站点上土壤水文性质的半变异函数，是重要的土壤水文性质升尺度算法（Vinnikov et al.，1999）。此外，反距离加权法（Lu and Wong，2008）、简单克里金方法（Pokhrel et al.，2013）、残差克里金方法（Wu and Li，2013）及协同克里金方法（Aznar et al.，2013；Liang et al.，2016）也被广泛应用于土壤水文性质的尺度拓展。但是，此类方法的性能很大程度上依赖于采样数据的质量。同时，由于方法自身的特性，即使是同一种方法，在不同区域对不同土壤水文性质的拟合效果也不相同，从而加大了此类方法的应用难度。

土壤转换函数（pedotransfer functions，PTFs）也是对土壤水文性质进行尺度拓展的重要方法（Sharma et al.，2006）。该方法利用易于获取的属性，如土壤、植被与地形等，对难以获取的土壤水文性质进行尺度拓展（Jana and Mohanty，2012；Mohanty，2013）。Jana 等（2007，2008）使用人工神经网络（artificial neural network，ANN）及改进的ANN方法进一步将PTFs方法应用于拓展不同尺度的数据。Brus 等（2016）基于5种环境指数与土壤有机质的关系，对土壤有机质进行尺度拓展，建立了祁连山区的土壤有机质数据库。Dai 等（2013）则基于 PTFs 方法建立了适用于中国地区的土壤水力参数库及土壤水分特征曲线参数库，用以进行陆面过程模型模拟。

近年来，遥感方法也被越来越多地应用于获取大区域的土壤水文性质。通过遥感方法获取亮温值，研究其与土壤水力属性的关系，从而获得大尺度土壤水力属性、土壤颗粒、土壤容重及其他土壤水文参数的空间分布，进而与实地监测对比研究，进行尺度拓展（Joseph et al.，2008；Lambot et al.，2009；Moradkhani and Weihermüller，2011；Santanello et al.，2007；Gutmann and Small，2010；Mohanty，2013）。遥感技术可以提供详尽的全球表层土壤水分数据。过去几十年中，一系列遥感土壤水分产品被开发出来（Beven and Kirkby，1979）。例如，AMSR-E、ERS/ASCAT、SMOS 及 SMAP（soil moisture active passive）等。但是，这些产品大多时间分辨率为2~3天，空间分辨率也较粗。另外，由于是反演结果，此类产品的数据精度也有待验证。

此外，陆面过程模型也被广泛应用于土壤水文性质的尺度拓展，尤其是大区域土壤水分的估算中。例如，Yang 等（2016）利用 SHAW（simultaneous heat and water）模型，结合 PSO（particle swarm optimization）算法，提升了在半干旱区对土壤含水量的预测精度。Crow 等（2005）利用分布式陆面过程模型对土壤含水量进行了尺度拓展计算。结果显示，通过模型模拟的结果发现，土壤含水量在田间尺度上的异质性有了明显的提升。Loew 和 Mauser（2008）用陆面过程模型，基于遥感土壤水分反演土壤水文性质来提高模型模拟精度。结果表明，参数反演依赖于表层土壤水分的观测。Gutmann 和 Small（2010）则使用 Noah 陆面过程模型，研究了全球不同植被覆盖及气候背景下模型反演土壤水文性质的效果及不同土壤水文性质的敏感性。

　　近年来，利用数据同化来提高土壤水文性质的预测精度成为一种新兴的技术手段。一般土壤水文性质同化方法包括直接插入、逐步订正、优化插值、卡尔曼滤波及其派生算法、变分约束和粒子滤波等（兰鑫宇等，2015）。Entekhabi 等（1994）将微波遥感数据与陆面过程模型的数据进行同化，利用扩展卡尔曼滤波（extended Kalman filter，EKF）反演了土壤水分，结果证明，这种数据同化方法能够提高土壤含水量的预测精度。Reichle 等（2008）在阿肯色河流域通过利用自适应集合卡尔曼滤波来同化表层土壤含水量数据。结果表明，自适应滤波器可确定模型及观测的误差，相对于非自适应系统可提高同化的预测结果。

1.3　土壤水文异质性对水文过程的影响

　　土壤水文性质是土壤水运动、入渗、蒸散发、径流等水文过程计算及模拟的重要影响因子与基本输入参数，其属性值的准确测定或推算是研究水文过程的前提（Lin，2009；McDonnell and Beven，2014；Jin et al.，2015；Vereecken et al.，2015）。然而，由于土壤水文性质，尤其是关键性质获取困难且费时费力，无法准确描述土壤水文性质的空间分布，导致水文研究通常忽略了土壤水文参数的空间异质性对水文过程的影响。随着土壤转换函数、概率分布函数等方法的出现，尤其是 Rosetta 等方法的应用（Bouma，1989；Schaap et al.，2001；Rubio et al.，2008），将难获取的土壤水文性质与简单易获取的土壤属性联系起来，使得大范围土壤水文性质的获取变得可行，从而导致大尺度水文研究中广泛考虑土壤水文性质空间异质性对水文过程的影响（Soet and Stricker，2003；Temme et al.，2012）。

　　水文模型是分析土壤水文性质空间异质性对水文过程影响的有力工具及手段。集总式水文模型以单一或集总的参数形式来表达流域的空间特征，如 Stanford 模型、HBV 模型、Sacramento 模型（Bras，1990；Kokkonen and Jakeman，2001；Merritt et al.，2003；芮孝芳和黄国如，2004；Tague，2005；He and Croley，2007a；徐宗学，2009；Diek et al.，2014）。这种模型一般只能用于模拟气候和下垫面因子空间分布均匀的虚拟状态，只能给出时空分布均匀化后的模拟结果，不能全面反映相互联系的各个水文过程。分布式水文模型则可以满足上述需求，其已成为分析土壤水文性质空间异质性对水文过程影响的有力工具（Croley and He，2005；He and Croley，2007b）。目前，常用的分布式水文模型包括 SWAT（soil and water assessment tool）和 DLBRM（distributed large basin runoff model）等。

　　SWAT模型广泛应用于径流模拟、非点源污染模拟、农业灌溉、土壤侵蚀模拟、气候变化水文效应分析等方面（Arnold et al.，1998；Srinivasan et al.，2010）。SWAT模型将流域划分成多个子流域，子流域内依据土地利用、土壤类型和坡度生成水文响应单元（hydrological response unit，HRU），涉及的土壤水文性质包括土层深度、土壤质地、容重、有机质含量、饱和导水率和土壤有效持水量等。该模型可体现水文响应单元之间的土壤水文性质差异，所以可在流域尺度上评价和分析土壤水文性质空间异质性对水文过程的影响。

　　DLBRM模型可用于大尺度长序列水文过程的连续模拟（Croley and He，2005；He and Croley，2007a），其已在北美五大湖地区40多个流域及其他国家得到广泛应用，在黑河流域中上游进行了初步应用并取得合理结果（Croley and He，2005；He and Croley，2007a；He et al.，2009）。该模型在研究流域网格化的基础上，考虑上层土壤、下层土壤、地下水和地表水之间的交互作用，并将水文过程从上游向下游传递积累到河口，完成产流和汇流模拟。该模型涉及的土壤水文性质包括土层深度、土壤质地、饱和导水率和土壤有效持水量等。DLBRM模型已在黑河流域积累了应用经验，本书中将对其进行修订与改进，增强其反映黑河上游土壤水文性质空间异质性及其水文效应的能力。

　　目前，许多研究者将影响水文过程的关键土壤水文性质加入水文模型中，用来研究土壤水文异质性对水文过程的影响，并显著提高水文模型的模拟精度。Diek等（2014）在Rocky山区用SWAP模型综合评价了土壤水力属性、地形参数、土壤深度等对流域水文过程的影响。Jin等（2015）在中国西北黑河流域用SWAT模型评价了饱和导水率的空间异质性对流域水文过程的影响。Mekonnen等（2016）则将水储量的空间异质性加入SWAT模型，从而提高其在平原地区的模拟精度。现阶段需要考虑土壤水文性质的异质性及其影响，开发基于水文过程空间异质性的水文模型，将原有分布式水文模型子网格或HRU内水文过程异质性表达出来，从而提高模型模拟精度（Niu et al.，2014；Kitanidis，2015；Vereecken et al.，2015；Kreye and Meon，2016）。Nijzink等（2016）将基于地形驱动的子网格水文过程异质性融入分布式水文模型（The mesoscale hydrologic model，MHM）中，来提高流域水文模拟精度。Qu等（2015）基于模型反演与观测数据，用Hydrus模型研究了土壤水文性质的空间异质性对土壤水分运动的影响。Niu等（2014）基于LEO实验，用CATHY模型模拟坡面径流的形成过程，结果表明，考虑了土壤异质性的水文模型能够减少模拟误差，能得到最好的模拟效果。综上所述，水文模型能够用于反映土壤水文性质空间变异对流域水文过程的影响。

　　总的来说，当前土壤水文异质性对水文过程的影响研究思路如下：①通过在样点、样带尺度上的土壤采样测定、原位观测及尺度拓展，综合分析土壤水文性质的空间异质性；②在流域尺度进行水文过程模拟，通过敏感性分析、情景设置等方法，确定不同尺度上影响土壤含水量、径流量、入渗量及蒸散量等水文过程的主要土壤水文性质；③在阐明土壤水文性质的空间异质性、水文过程的空间分布和动态变化规律，以及水文过程与土壤水文性质相关性的基础上，揭示土壤水文性质的空间异质性对水文过程的影响机制。

1.4 流域土壤水文研究进展

1.4.1 "黑河流域生态-水文过程集成研究"计划背景

近年来，中国西北的内陆河流域都面临着严重的水资源短缺危机。随着流域中上游地区人口的增加与经济的快速发展，耗水量急剧增加，同时减少了下游生态用水量，导致尾闾湖面积减小和干涸，沙尘暴频发，胡杨林等植物大量死亡，引起了一系列生态环境灾害。这种经济发展与生态系统之间的需水竞争同样存在于其他内陆河流域，如中亚的咸海流域（Micklin，1988；中国科学院地学部，1996；王根绪等，2002）。黑河流域，作为我国第二大内陆河流域，水资源是决定中下游绿洲及人民生存发展的基础。没有水资源，绿洲就无法生存并变成荒漠（He et al.，2009；李新荣等，2014）。黑河流域的生态-水文过程非常复杂，生态环境极为脆弱，易受气候变化与人类活动扰动，且生态系统与经济发展之间的需水冲突非常严重（王根绪等，2001；程国栋等，2014；Cheng et al.，2014）。

流域是地球系统的基本单元，无论是从水文学、生态学还是从社会经济学角度，其都是对生态-水文问题进行综合研究的最佳对象（贺缠生，2012）。流域生态-水文过程集成研究可为水资源、生态环境及可持续发展等领域一系列科学问题的解决提供新的途径（肖洪浪等，2008；李小雁，2011），以流域为单元建立遥感-地面一体化的综合集成观测系统也是当前地球表层系统科学研究中的一个重要趋势（李新等，2012；Li et al.，2013a）。多家国际大型科学研究，如"国际地圈生物圈计划"（IGBP）、"国际水文计划"（IHP）、"未来地球计划"（future earth）和"地球关键带科学"（Richter and Billings，2015；Lin，2009）等都把流域尺度生态-水文过程研究作为重要的研究方向。同时，欧洲于1997年建立了TERENO（terrestrial environmental observatories）观测网络。美国则于2000年以来启动了SAHRA（sustainability of semi-arid hydrology and riparian areas）计划，该计划是国际上生态-水文学集成研究的典范。但该计划的研究分散在4个邻近的流域，导致研究深度受到影响；且由于当时的技术限制，无法在流域尺度上建立生态-水文-经济耦合模型（Sorooshian et al.，2002；冷疏影等，2015）。

国家自然科学基金委员会于2010年启动的"黑河流域生态-水文过程集成研究"重大研究计划（简称"黑河计划"）从系统学思路出发，以我国黑河流域为典型研究区，通过建立包括观测、实验、模拟、情景分析，以及决策支持等环节的"以水为中心的生态-水文过程集成研究平台"，揭示不同尺度（叶面尺度、个体植物尺度、群落尺度、景观尺度与流域尺度）上的生态-水文过程相互作用规律，研究气候变化和人类活动共同影响下内陆河流域的生态-水文过程机理，发展生态-水文过程尺度转换方法，建立耦合生态、水文和社会经济的流域集成模型和水资源管理决策支持系统。"黑河计划"旨在提高对内陆河流域水-生态-经济系统演变的综合分析与预测预报能力，为国家内陆河流域水安全、生态安全及经济的可持续发展提供基础理论和科技支撑，使我国流域生态-水文研究进入国际先进行列（程国栋等，2014；冷疏影，2015）。

1.4.2　黑河流域土壤水文研究进展

近年来，中国内陆河生态-水文研究进展迅速。在具有干旱内陆河典型特征的黑河流域，生态-水文过程的研究更是取得了显著的成就，具体包括黑河流域降水的时空变化分析（丁永健等，1999）、冰川融水变化（Wang et al.，2009；宋高举等，2010）、蒸散发的时空变化规律（Li et al.，2013b；蒋忆文等，2014；王忠富等，2015，2016；Zhu et al.，2016）、出山径流年际变化模拟（蓝永超等，1999；He et al.，2009；吴维臻等，2013）、土壤水变化及水文要素变化规律（赵文智和程国栋，2001；赵文智等，2005；金鑫等，2014；赵琛等，2014；白晓等，2017）、绿洲生态系统和荒漠生态系统植被与水分相互作用（Feng et al.，2001；郭巧玲等，2007；肖洪浪等，2008；肖生春和肖红浪，2008；赵良菊等，2008）、地下水的变化与模拟（Xi et al.，2010；田杰等，2014）、水资源形成与变化机制（卢玲等，2001；侯兰功等，2010）及不同尺度生态-水文效应研究等（李金麟等，2014）。李新等在黑河流域开展的 HI-WATER 实验，在流域尺度生态-水文学研究（Li et al.，2013a；Cheng et al.，2014；Cheng and Xin，2015；Li et al.，2016；Nian et al.，2017）、尺度拓展及异质性研究等方面（Wang et al.，2016；Kang et al.，2014，2017；Ran et al.，2016；Ma et al.，2017）均取得重大成果。

受复杂的气象、水文条件和空间异质性极强的下垫面共同影响和作用，黑河上游产生了极其复杂的生态-水文过程，目前对这些过程的认识还十分有限。在土壤水文异质性研究方面，虽有田间尺度观测（常学向等，2003；张勃等，2006；王蕙等，2007；刘冰等，2011；郭德亮等，2013；王卫华等，2013；Zhang and Shao，2013），但受观测技术和研究条件限制，尚缺乏在流域尺度上系统的长期观测。对控制山区水文过程的关键土壤水文参数，如土壤饱和导水率、土壤深度、孔隙度、凋萎系数、田间含水量等时空分布规律的认识不足，增加了模型模拟的不确定性，难以有效地描述和模拟高寒山区水文过程基本规律（康尔泗等，2008；López and Justribó，2010；Viviroli et al.，2010；Du et al.，2014；McDonnell and Beven，2014；陈仁升等，2014）。

具体来讲，目前黑河上游土壤水文异质性研究主要存在以下问题：①在研究方法及时间尺度上，很多研究都是基于传统烘干法与 TDR 法测量土壤水分（车克钧和傅辉恩，1993；张学龙和车克钧，1998；王金叶等，2001；牛云等，2002；闫文德等，2006；刘鹄等，2008；赵永宏等，2016）。该方法虽然准确但是耗时费力，无法获得连续土壤水分数据，且忽略了在短时间尺度上的土壤水文过程研究，而降雨入渗等关键土壤水文过程均发生在小时以内的时间尺度上（Lozano-Parra et al.，2015；宋红阳等，2013）。②在空间尺度上，由于山区土壤水分大范围监测困难，目前对于山区土壤水分的研究主要集中在小尺度包括样点、景观尺度、坡面尺度及小流域尺度，缺乏对大流域尺度的综合观测研究（He et al.，2012a，2012b；Liu et al.，2015；Zhao et al.，2009；陈仁升等，2014）。由于山区土壤水文过程的强烈空间异质性，小尺度的研究结果无法直接应用于大区域研究中（Brocca et al.，2012；He and Croley，2007a，2007b；Tian et al.，2017）。③在地形复杂的祁连山区，土壤水文过程复杂且受多种环境因子的共同影响。除了植被外，地形是影响土壤水文过程的另一个重要因素，不同地形条件下土壤水文过程及机制完全不同

（McMillan and Srinivasan，2015；Kim，2009）。而目前的黑河上游山区土壤水文研究主要集中在分析植被类型对土壤水分动态的影响（He et al.，2012b；陈仁升等，2014；Liu et al.，2015），地形对土壤水文过程的影响研究相对较少（Zhao et al.，2009）。

　　为了弥补黑河流域土壤水文研究的不足，在国家自然科学基金委员会黑河计划的支持下，开展了"黑河上游土壤水文异质性观测试验及其对山区水文过程的影响"的研究工作。本书在黑河上游干流和中西部水系建立了样点-样带-流域土壤水文性质观测体系，测定土壤水文属性并观测相应的水文过程，揭示土壤水文性质空间异质性；阐明土壤水文性质空间异质性与环境因子的关系，发展空间尺度拓展方法；改进现有分布式水文模型，分析土壤水文异质性对流域水文过程的影响机制，为黑河流域生态-水文模型集成提供参数和数据基础，为水资源合理配置和高效管理提供科学依据，推动黑河流域乃至整个内陆河流域生态-水文研究工作。本书以下章节即是基于笔者的研究项目结果撰写的。

参 考 文 献

白晓, 张兰慧, 王一博, 等. 2017. 祁连山区不同土地覆被类型下土壤水分时空变异特征. 水土保持研究, 24(2): 17-25.

常学向, 赵爱芬, 赵文智, 等. 2003. 黑河中游荒漠绿洲区免灌植被土壤水分状况. 水土保持学报, 17(2): 126-129.

车克钧, 傅辉恩. 1993. 祁连山植被水文效应的多层次 Fuzzy 综合评判. 生态学杂志, (3): 31-35.

陈仁升, 阳勇, 韩春坛, 等. 2014. 高寒区典型下垫面水文功能小流域观测试验研究. 地球科学进展, 29(4): 07-514.

程国栋, 肖洪浪, 傅伯杰, 等. 2014. 黑河流域生态-水文过程集成研究进展. 地球科学进展, 29(4): 431-437.

程勤波, 陈喜, 凌敏华, 等. 2010. 单环入渗试验与数值反演法结合推求土壤水力参数. 水文地质工程地质, 37(1): 118-123.

丁永健, 叶佰生, 周文娟. 1999. 黑河流域过去 40a 来降水时空分布特征. 冰川冻土, 21(1): 42-48.

郭德亮, 樊军, 米美霞. 2013. 黑河中游绿洲区不同土地利用类型表层土壤水分空间变异的尺度效应. 应用生态学报, 24(5): 199-1208.

郭巧玲, 冯起, 杨云松, 等. 2007. 黑河大墩门至狼心山段生态需水量估算. 干旱区研究, 24(5): 84-589.

贺缠生. 2012. 流域科学与水资源管理. 地球科学进展, 27(7): 705-711.

侯兰功, 肖洪浪, 邹松兵, 等. 2010. 黑河流域水循环特征研究. 水土保持研, 17(3): 254-258.

华孟, 王坚. 1992. 土壤物理学. 北京: 北京农业大学出版社.

蒋忆文, 张喜风, 杨礼箫, 等. 2014. 黑河上游气象与水文干旱指数时空变化特征对比分析. 资源科学, 36(9): 1842-1851.

金鑫, 张兰慧, 赵琛, 等. 2014. 复杂地形下太阳辐射计算工具的开发与验证. 地理空间信息, 12(2): 56-59.

康尔泗, 陈仁升, 张智慧, 等. 2008. 内陆河流域山区水文与生态研究. 地球科学进展, 23(7): 5-681.

兰鑫宇, 郭子祺, 田野, 等. 2015. 土壤湿度遥感估算同化研究综述. 地球科学进展, 30(6): 668-679.

蓝永超, 康尔泗, 金会军, 等. 1999. 黑河出山径流量年际变化特征和趋势研究. 冰川冻土, 21(1): 49-53.

雷志栋, 谢森传. 1982. 测定土壤水分运动参数的出流法研究. 水利学报, (11): 3-13.

冷疏影. 2015. 地理科学三十年: 从经典到前沿. 北京: 商务印书馆.

李金麟, 赵琛, 张兰慧, 等. 2014. 地统计方法在黑河上游气象分析中的应用比较. 兰州大学学报, 50(3):

318-323.

李小雁. 2011. 干旱地区土壤-植被-水文耦合、响应与适应机制. 中国科学: 地球科学, 41(12): 1721-1730.

李新, 刘绍民, 马明国. 2012. 黑河流域生态-水文过程综合遥感观测联合试验总体设计. 地球科学进展, 27(5): 481-498.

李新荣, 赵洋, 回嵘, 等. 2014. 中国干旱区恢复生态学研究进展及趋势评述. 地理科学进展, 33(11): 1435-1443.

刘冰, 赵文智, 常学向, 等. 2011. 黑河流域荒漠区土壤水分对降水脉动响应. 中国沙漠, 31(3): 716-722.

刘鹄, 赵文智, 何志斌, 等. 2008. 祁连山浅山区不同植被类型土壤水分时间异质性. 生态学报, 28(5): 2389-2394.

卢玲, 程国栋, 李新. 2001. 黑河流域中游地区景观变化研究. 应用生态学报, 12(1): 68-74.

宁宝英, 何元庆, 和献中, 等. 2008. 黑河流域水资源研究进展. 中国沙漠, 28(6): 1180-1185.

牛云, 张宏斌, 刘贤德, 等. 2002. 祁连山主要植被下土壤水的时空动态变化特征. 山地学报, 20(6): 723-726.

芮孝芳, 黄国如. 2004. 分布式水文模型的现状与未来. 水利水电科技进展, 24(2): 55-58.

邵明安, 王全九, 黄明斌. 2006. 土壤物理学. 北京: 高等教育出版社.

沈思渊. 1989. 土壤空间变异研究中地统计学的应用及其展望. 土壤学进展, 17(3): 11-24.

宋高举, 王宁练, 蒋熹, 等. 2010. 气候变暖背景下祁连山七一冰川融水径流变化研究. 水文, 30(2): 84-88.

宋红阳, 李毅, 贺缠生. 2013. 不同质地斥水土壤的入渗模型. 排灌机械工程学报, 31(7): 629-635.

孙庆先, 李茂堂, 路京选, 等. 2007. 地理空间数据的尺度问题及其研究进展. 地理与地理信息科学, 23(4): 53-56.

田杰, 金鑫, 贺缠生. 2014. 基于 MODFLOW 的山区地下水径流数值模拟. 兰州大学学报, 50(3): 324-339.

王根绪, 钱鞠, 程国栋. 2001. 生态-水文科学研究的现状与展望. 地球科学进展, 16(3): 314-323.

王根绪, 王建, 仵彦卿. 2002. 近 10 年来黑河流域生态环境变化特征分析. 地理科学, 22(5): 527-534.

王蕙, 赵文智, 常学向. 2007. 黑河中游荒漠绿洲过渡带土壤水分与植被空间变异. 生态学报, 27(5): 1731-1739.

王金叶, 王艺林, 金博文, 等. 2001. 干旱半干旱区山地森林的水分调节功能. 林业科学, 37(5): 120-125.

王军, 傅伯杰, 蒋小平. 2002. 土壤水分异质性的研究综述. 水土保持研究, 9(1): 1-5.

王卫华, 王全九, 武向博, 等. 2013. 黑河中游绿洲麦田土壤水气热参数田间尺度空间分布特征. 农业工程学报, 29(3): 94-102.

王忠富, 杨礼萧, 白晓, 等. 2015. "蒸发悖论"在黑河流域的探讨. 冰川冻土, 37(5): 1323-1332.

王忠富, 张兰慧, 王一博, 等. 2016. 黑河上游排露沟流域不同时期草地蒸散发的日变化规律研究. 应用生态学报, 27(11): 3495-3504.

文晶, 王一博, 高泽永, 等. 2013. 北麓河流域多年冻土区退化草甸的土壤水文特征分析. 冰川冻土, 35(4): 929-937.

邬建国. 2007. 景观生态学: 格局、过程、尺度与等级. 北京: 高等教育出版社.

吴维臻, 田杰, 赵琛, 等. 2013. 黑河上游水文气象变量变化趋势多尺度分析. 海洋地质与第四纪地质, 33(4): 37-44.

肖洪浪, 程国栋, 李彩芝, 等. 2008. 黑河流域生态-水文观测试验与水-生态集成管理研究. 地球科学进展, 23(7): 666-670.

肖生春, 肖洪浪. 2008. 黑河流域水环境演变及其驱动机制研究进展. 地球科学进展, 23(7): 748-755.

徐宗学. 2009. 水文模型. 北京: 科学出版社.

闫文德, 王金叶, 王彦辉. 2006. 祁连山排露沟流域土壤水分时空分布. 西北林学院学报, 21(3): 21-25.

张勃, 孟宝, 郝建秀, 等. 2006. 干旱区绿洲-荒漠带土壤水盐异质性及生态环境效应研究——以黑河中游张掖绿洲为例. 中国沙漠, 26(1): 81-84.

张学龙, 车克钧. 1998. 祁连山寺大隆林区土壤水分动态研究. 西北林学院学报, (1): 2-10.

赵琛, 张兰慧, 李金麟, 等. 2014. 黑河上游土壤含水量的空间分布与环境因子的关系. 兰州大学学报, 50(3): 338-347.

赵良菊, 肖洪浪, 程国栋, 等. 2008. 黑河下游河岸林植物水分来源初步研究. 地球学报, 29(6): 709-718.

赵文武, 傅伯杰, 陈利顶. 2002. 尺度推绎研究中的几点基本问题. 地球科学进展, 17(6): 905-911.

赵文智, 常学礼, 李秋艳. 2005. 人工调水对额济纳胡杨荒漠河岸林繁殖的影响. 生态学报, 25(8): 1987-1993.

赵文智, 程国栋. 2001. 干旱区生态-水文过程研究若干问题评述. 科学通报, 46(22): 1851-1857.

赵永宏, 刘贤德, 张学龙, 等. 2016. 祁连山区亚高山灌丛土壤含水量的空间分布与月份变化规律. 自然资源学报, (4): 672-681.

中国科学院地学部. 1996. 西北干旱区水资源考察报告——关于黑河、石羊河流域合理用水和拯救生态问题的建议. 地球科学进展, 11(1): 1-4.

Amundson R, Berhe A A, Hopmans J W, et al. 2015. Soil and human security in the 21st century. Science, 348(6235): 1261071.

Angulo J R, Vandervaere J P, Roulier S, et al. 2000. Field measurement of soil surface hydraulic properties by disc and ring infiltrometers—a review and recent development. Soil & Tillage Research, 55(1): 1-29.

Arnold J G, Srinivasan R, Muttiah R S, et al. 1998. Large area hydrologic modeling and assessment part I: model development. JAWRA Journal of the American Water Resources Association, 34(1): 73-89.

Aznar J C, Gloaguen E, Tapsoba D, et al. 2013. Interpolation of monthly mean temperatures using cokriging in spherical coordinates. International Journal of Climatology, 33(3): 758-769.

Baggaley N, Mayr T, Bellamy P. 2009. Identification of key soil and terrain properties that influence the spatial variability of soil moisture throughout the growing season. Soil Use and Management, 25(3): 262-273.

Beven K J, Kirkby M J. 1979. A physically based, variable contributing area model of basin hydrology/Un modèleàbase physique de zone d'appel variable de l'hydrologie du bassin versant. Hydrological Sciences Journal, 24(1): 43-69.

Bi H, Zhang J, Zhu J, et al. 2010. Spatial dynamics of soil moisture in a complex terrain in the semi-arid Loess Plateau region, China. Jawra Journal of the American Water Resources Association, 44(5): 1121-1131.

Blonquist J M, Jones S B, Robinson D A. 2005. Standardizing characterization of electromagnetic water content sensors. Vadose Zone Journal, 4(4): 1059-1069.

Bormann H, Klaassen K. 2008. Seasonal and land use dependent variability of soil hydraulic and soil hydrological properties of two Northern German soils. Geoderma, 145(3-4): 295-302.

Bouma J. 1989. Using soil survey data for quantitative land evaluation. Advances in Soil Science, Springer, 9: 177-213.

Bouma J, Droogers P, Sonneveld M P W, et al. 2011. Hydropedological insights when considering catchment classification. Hydrology and Earth System Sciences, 15(6): 1909-1919.

Bouten W, Heimovaara T J, Tiktak A. 1992. Spatial patterns of through fall and soil water dynamics in a Douglas fir stand. Water Resources Research, 28(12): 3227-3233.

Bras R L. 1990. Hydrology: An Introduction to Hydrologic Science. Addison Wesley Publishing Company.

Bristow K L. 1998. Measurement of thermal properties and water content of unsaturated sandy soil using dual-probe heat-pulse probes. Agricultural and Forest Meteorology, 89(2): 75-84.

Brocca L, Tullo T, Melone F, et al. 2012. Catchment scale soil moisture spatial-temporal variability. Journal of Hydrology, 422-423(1): 63-75.

Brus D J, Yang R M, Zhang G L. 2016. Three-dimensional geostatistical modeling of soil organic carbon: a case study in the Qilian Mountains, China. Catena, 141: 46-55.

Buczko U, Bens O, Hüttl R F. 2006. Tillage effects on hydraulic properties and macroporosity in silty and sandy soils. Soil Science Society of America Journal, 70(6): 1998-2007.

Burgess T M, Webster R. 1980. Optimal interpolation and isarithmic mapping of soil properties. I. the semi-variogram and punctual kriging. Journal of Soil Science, 31: 315-331.

Burke I C, Lauenroth W K, Riggle R, et al. 1999. Spatial variability of soil properties in the shortgrass steppe: the relative importance of topography, grazing, microsite, and plant species in controlling spatial patterns. Ecosystems, 2(5): 422-438.

Burrough P A. 1983a. Multiscale sources of spatial variation in soil. I. the application of fractal concepts to nested levels of soil variation. Journal of Soil Science, 34: 577-597.

Burrough P A. 1983b. Multiscale sources of spatial variation in soil. II. a non-Brownian fractal model and its application in soil survey. Journal of Soil Science, 34: 599-620.

Campbell G S, Calissendorff C, Williams J H. 1991. Probe for measuring soil specific heat using a heat pulse method. Soil Science Society of America Journal, 55(1): 291-293.

Campbell J B. 1978. Spatial variation of sand content and pH within single contiguous delineations of two soil mapping units. Soil Science Society of America Journal, 42: 460-464.

Charpentier M A, Groffman P M. 1992. Soil moisture variability within remote sensing pixels. Journal of Geophysical Research, 97(D17): 18987-18995.

Chen J, Wen J, Tian H. 2016. Representativeness of the ground observational sites and up-scaling of the point soil moisture measurements. Journal of Hydrology, 533: 62-73.

Chen Z S, Hsieh C F, Jiang F Y, et al. 1997. Relations of soil properties to topography and vegetation in a subtropical rain forest in southern Taiwan. Plant Ecology, 132(2): 229-241.

Cheng G, Li X, Zhao W, et al. 2014. Integrated study of the water-ecosystem-economy in the Heihe River Basin. National Science Review, 1(3): 413-428.

Cheng G D, Xin L I. 2015. Integrated research methods in watershed science. Science China Earth Sciences, 58(7): 1159-1168.

Croley T E, He C S. 2005. Distributed-parameter large basin runoff model. I: model development. Journal of Hydrologic Engineering, 10(3): 173-181.

Crow W T, Berg A A, Cosh M H, et al. 2012. Upscaling sparse ground-based soil moisture observations for the validation of coarse-resolution satellite soil moisture products. Reviews of Geophysics, 50(2): 3881-3888.

Crow W T, Ryu D, Famiglietti J S. 2005. Upscaling of field-scale soil moisture measurements using distributed land surface modeling. Advances in Water Resources: 28(1): 1-14.

Dai Y, Shangguan W, Duan Q, et al. 2013. Development of a China dataset of soil hydraulic parameters using pedotransfer functions for land surface modeling. Journal of Hydrometeorology, 14(3): 869-887.

Diek S, Temme A J A M, Teuling A J. 2014. The effect of spatial soil variation on the hydrology of a semi-arid Rocky Mountains catchment. Geoderma, 235-236(4): 113-126.

Du E, Link T E, Gravelle J A, et al. 2014. Validation and sensitivity test of the distributed hydrology soil-vegetation model(DHSVM)in a forested mountain watershed. Hydrological Processes, 28(26): 6196-6210.

Entekhabi D, Nakamura H, Njoku E G. 1994. Solving the inverse problem for soil moisture and temperature profiles by sequential assimilation of multifrequency remotely sensed observations. IEEE Transactions on Geoscience and Remote Sensing, 32(2): 438-448.

Famiglietti J S, Rudnicki J W, Rodell M. 1998. Variability in surface moisture content along a hillslope transect: Rattlesnake Hill, Texas. Journal of Hydrology, 210(1-4): 259-281.

Feng Q, Cheng G D, Endo K N. 2001. Towards sustainable development of the environmentally degraded River Heihe basin, China. Hydrological Sciences Journal, 46: 647-658.

Fernandez-Illescas C P, Porporato A, Laio F, et al. 2001. The ecohydrological role of soil texture in a water-limited ecosystem. Water Resources Research, 37: 2863-2872.

Gómez-Plaza A, Martınez-Mena M, Albaladejo J, et al. 2001. Factors regulating spatial distribution of soil water content in small semiarid catchments. Journal of hydrology, 253(1): 211-226.

Gutmann E D, Small E E. 2010. A method for the determination of the hydraulic properties of soil from MODIS surface temperature for use in land-surface models. Water Resources Research, 46(6): 666-669.

Gyssels G, Poesen J, Bochet E, et al. 2005. Impact of plant roots on the resistance of soils to erosion by water: a review. Progress in Physical Geography, 29(2): 189-217.

Hailegeorgis T T, Alfredsen K, Abdella Y S, et al. 2015. Evaluation of different parameterizations of the spatial heterogeneity of subsurface storage capacity for hourly runoff simulation in boreal mountainous watershed. Journal of Hydrology, 522: 522-533.

He C S, Croley T E. 2007a. Application of a distributed large basin runoff model in the Great Lakes basin. Control Engineering Practice, 15(8): 1001-1011.

He C S, Croley T E. 2007b. Integration of GIS and visualization for distributed large basin runoff modeling of the Great Lakes Watersheds. Environmental Change and Rational Water Use, 247-260.

He C S, DeMarchi C, Croley T, et al. 2009. Modeling the hydrology of the Heihe Watershed in Northwestern China. Journal of Glaciology and Geocryology, 31(3): 410-421.

He Z B, Zhao W Z, Liu H, et al. 2012a. The response of soil moisture to rainfall event size in subalpine grassland and meadows in a semi-arid mountain range: a case study in northwestern China's Qilian Mountains. Journal of Hydrology, 420-421(183-190): 183-190.

He Z B, Zhao W Z, Liu H, et al. 2012b. Effect of forest on annual water yield in the mountains of an arid inland river basin: a case study in the Pailugou catchment on northwestern China's Qilian Mountains. Hydrological Processes, 26(4): 613-621.

Ivanov V Y, Fatichi S, Jenerette G D, et al. 2010. Hysteresis of soil moisture spatial heterogeneity and the "homogenizing" effect of vegetation. Water Resources Research, 46(9): W09521.

Jana R B, Mohanty B P. 2012. On topographical controls of soil hydraulic parameter scaling at hillslope scales. Water Resources Research, 48(2): W02518.

Jana R B, Mohanty B P, Springer E P. 2007. Multiscale pedotransfer functions for soil water retention. Vadose Zone Journal, 6(4): 868-878.

Jana R B, Mohanty B P, Springer E P. 2008. Multiscale Bayesian neural networks for soil water content estimation. Water Resources Research, 44(8): 421-437.

Jarvis N, Koestel J, Messing I, et al. 2013. Influence of soil, land use and climatic factors on the hydraulic conductivity of soil. Hydrology and Earth System Sciences, 17(12): 5185-5195.

Jin X, Zhang L H, Gu J, et al. 2015. Modeling the impacts of spatial heterogeneity in soil hydraulic properties on hydrological process in the upper reach of the Heihe River in the Qilian Mountains, Northwest China. Hydrological Processes, 29(15): 3318-3327.

Joseph A T, Vander Velde R, O'Neill P EN, et al. 2008. Soil moisture retrieval during a corn growth cycle using L-band(1.6 GHz)radar observations. IEEE Transactions on Geoscience and Remote Sensing, 46: 2365-2374.

Jury W A, Horton R. 2004. Soil Physics(6th edition). Hoboken, New Jersey: John Wiley & Sons, Inc.

Kang J, Jin R, Li X. 2014. Regression Kriging-based upscaling of soil moisture measurements from a wireless sensor network and multiresource remote sensing information over heterogeneous cropland. IEEE Geoscience & Remote Sensing Letters, 12(1): 92-96.

Kang J, Jin R, Li X, et al. 2017. High spatio-temporal resolution mapping of soil moisture by integrating wireless sensor network observations and MODIS apparent thermal inertia in the Babao River Basin, China. Remote Sensing of Environment, 191: 232-245.

Kim S. 2009. Characterization of soil moisture responses on a hillslope to sequential rainfall events during late autumn and spring. Water Resources Research, 45(45): 1032.

Kitanidis P K. 2015. Persistent questions of heterogeneity, uncertainty, and scale in subsurface flow and transport. Water Resources Research, 51(8): 5888-5904.

Kokkonen T S, Jakeman A J. 2001. A comparison of metric and conceptual approaches in rainfall-runoff modeling and its implications. Water Resources Research, 37(9): 2345-2352.

Kreye P, Meon G. 2016. Subgrid spatial variability of soil hydraulic functions for hydrological modelling. Hydrology and Earth System Sciences, 20(6): 2557-2571.

Lai J, Ren L. 2007. Assessing the size dependency of measured hydraulic conductivity using double-ring infiltrometers and numerical simulation. Soil Science Society of America Journal, 71(6): 1667.

Lambot S, Slob E, Rhebergen J, et al. 2009. Remote estimation of the hydraulic properties of a sand using full-waveform integrated hydrogeophysical inversion of time-lapse, off-ground GPR data. Vadose Zone Journal, 8(3): 743-754.

Li X, Cheng G, Liu S, et al. 2013a. Heihe watershed allied telemetry experimental research(HiWATER): scientific objectives and experimental design. Bulletin of the American Meteorological Society, 94(8): 1145-1160.

Li X, Yang K, Zhou Y. 2016. Progress in the study of oasis-desert interactions. Agricultural & Forest Meteorology, 230-231.

Li Z, Li Z, Xu Z, et al. 2013b. Temporal variations of reference evapotranspiration in Heihe River basin of China. Hydrology Research, 44(5): 904-916.

Liang X, Schilling K, Zhang Y K. 2016. Co-kriging estimation of nitrate-nitrogen loads in an agricultural river. Water Resources Management, 30(5): 1771-1784.

Lin H. 2009. Earth's Critical Zone and hydropedology: concepts, characteristics, and advances. Hydrology & Earth System Sciences, 6(2): 3417-3481.

Liu H, Weng Q. 2009. Scaling effect on the relationship between landscape pattern and land surface temperature. Photogrammetric Engineering & Remote Sensing, 75(3): 291-304.

Liu H, Zhao W, He Z, et al. 2015. Soil moisture dynamics across landscape types in an arid inland river basin of Northwest China. Hydrological Processes, 29(15): 3328-3341.

Loague K. 1992. Soil water content at R-5. Part 1. spatial and temporal variability. Journal of Hydrology, 139: 233-251.

Loew A, Mauser W. 2008. Inverse modeling of soil characteristics from surface soil moisture observations: potential and limitations. Hydrology & Earth System Sciences Discussions, 5(1): 95-145.

López R, Justribó C. 2010. The hydrological significance of mountains: a regional case study, the Ebro River basin, northeast Iberian Peninsula. Hydrological Sciences Journal, 55(2): 223-233.

Lozano-Parra J, Schnabel S, Ceballos-Barbancho A. 2015. The role of vegetation covers on soil wetting processes at rainfall event scale in scattered tree woodland of Mediterranean climate. Journal of Hydrology, 529: 951-961.

Lu G Y, Wong D W. 2008. An adaptive inverse-distance weighting spatial interpolation technique. Computers & Geosciences, 34(9): 1044-1055.

Ma C, Li X, Wang S. 2017. Soil moisture estimation based on probabilistic inversion over heterogeneous vegetated fields using airborne PLMR brightness temperature. Hydrology & Earth System Sciences Discussions, 1-21.

Manson S M. 2008. Does scale exist? An epistemological scale continuum for complex human–environment systems. Geoforum, 39(2): 776-788.

McDonnell J J, Beven K. 2014. Debates-The future of hydrological sciences: a(common)path forward? A call to action aimed at understanding velocities, celerities and residence time distributions of the headwater hydrograph. Water Resources Research, 50(6): 5342-5350.

McMillan H K, Srinivasan M S. 2015. Controls and characteristics of variability in soil moisture and groundwater in a headwater catchment. Hydrology & Earth System Sciences Discussions, 11(8): 9475-9517.

MeBratuey A B, Pringle M J. 1999. Estimating average and proportional variograms of soil properties and their potential use in precision agriculture. Precision Agriculture, 1(2): 125-152.

Mekonnen B A, Mazurek K A, Putz G. 2016. Incorporating landscape depression heterogeneity into the Soil and Water Assessment Tool(SWAT)using a probability distribution. Hydrological Processes, 30(13): 2373-2389.

Merritt W S, Letcher R A, Jakeman A J. 2003. A review of erosion and sediment transport models. Environmental Modelling&Software, 18(8-9): 761-799.

Merz B, Plate E J. 1997. An analysis of the effects of spatial variability of soil and soil moisture on runoff.

Water Resources Research, 33(12): 2909-2922.

Micklin P P. 1988. Desiccation of the aral sea: a water management disaster in the soviet union. Science, 241(4870): 1170-1176.

Mittelbach H, Lehner I, Seneviratne S I. 2012. Comparison of four soil moisture sensor types under field conditions in Switzerland. Journal of Hydrology, 430: 39-49.

Mohanty B P. 2013. Soil hydraulic property estimation using remote sensing: a review. Vadose Zone Journal, 12(4): 1742-1751.

Mohanty B P, Skaggs T H. 2001. Spatio-temporal evolution and time stable characteristics of soil moisture within remote sensing footprints with varying soils, slopes, and vegetation. Advances in Water Resources, 24(9-10): 1051-1067.

Moore I D, Burch G J, Mackenzie D H. 1988. Topographic effects on the distribution of surface soil water and the location of ephemeral gullies. Transactions of the Asae, 31(4): 1098-1107.

Moradkhani H, Weihermüller L. 2011. Hydraulic parameter estimation by remotely-sensed top soil moisture observations with the particle filter. Journal of Hydrology, 399(3): 410-421.

Nelson A, Cook T O S. 2007. Multi-scale correlations between topography and vegetation in a hillside catchment of Honduras. International Journal of Geographical Information Science, 21(2): 145-174.

Nian Y, Li X, Zhou J. 2017. Landscape changes of the Ejin Delta in the Heihe River Basin in Northwest China from 1930 to 2010. International Journal of Remote Sensing, 38(1-2): 537-557.

Nielsen D R, Biggar J R, Em K T. 1973. Spatial variability of field-measured soil-water properties. Hilgardia, 42(7): 215-259.

Nijzink R C, Samaniego L, Mai J, et al. 2016. The importance of topography-controlled sub-grid process heterogeneity and semi-quantitative prior constraints in distributed hydrological models. Hydrology and Earth System Sciences, 20(3): 1151-1176.

Niu G Y, Pasetto D, Scudeler C, et al. 2014. Incipient subsurface heterogeneity and its effect on overland flow generation–insight from a modeling study of the first experiment at the Biosphere 2 Landscape Evolution Observatory. Hydrology and Earth System Sciences, 18(5): 1873-1883.

Pachepsky Y A, Rawls W, Lin H. 2006. Hydropedology and pedotransfer functions. Geoderma, 131(3): 308-316.

Philip J R. 1969. Theory of infiltration. Advance in Hydroscience, 5(5): 215-296.

Pokhrel R M, Kuwano J, Tachibana S. 2013. A kriging method of interpolation used to map liquefaction potential over alluvial ground. Engineering Geology, 152(1): 26-37.

Price K, Jackson C R, Parker A J. 2010. Variation of surficial soil hydraulic properties across land uses in the southern Blue Ridge Mountains, North Carolina, USA. Journal of Hydrology, 383(3-4): 256-268.

Qiu Y, Fu B, Wang J, et al. 2001. Soil moisture variation in relation in relation to topography and land use in a hillslope catchment of the Loess Plateau, China. Journal of Hydrology, 240: 243-263.

Qu W, Bogena H R, Huisman J A, et al. 2015. Predicting subgrid variability of soil water content from basic soil information. Geophysical Research Letters, 42(3): 789-796.

Raghubanshi A S, 1992. Effect of topography on selected soil properties and nitrogen mineralization in a dry tropical forest. Soil Biology & Biochemistry, 24(2): 145-150.

Ran Y, Li X, Sun R, et al. 2016. Spatial representativeness and uncertainty of eddy covariance carbon flux measurements for upscaling net ecosystem productivity to the grid scale. Agricultural & Forest Meteorology, 230-231: 114-127.

Rawls W J, Brakensiek D L. 1982. Estimating soil water retention from soil properties. Journal of Irrigation and Drainage Division of ASCE, 108(2): 166-171.

Reichle R H, Crow W T, Keppenne C L. 2008. An adaptive ensemble Kalman filter for soil moisture data assimilation. Water Resources Research, 44(3): 258-260.

Reynolds S G.1970. The gravimetric method of soil moisture determination, part III: an examination of factors influencing soil moisture variability. Journal of Hydrology, 11(3): 288-300.

Reynolds W D, Elrick D E. 1991. Determination of hydraulic conductivity using a tension infiltrometer. Soil Science Society of America Journal, 55(3): 633-639.

Richter D D, Billings S A. 2015. "One physical system": tansley's ecosystem as Earth's critical zone. New Phytologist, 206(3): 900-912.

Ridolfi L, d'Odorico P, Porporato A, et al. 2003. Stochastic soil moisture dynamics along a hillslope. Journal of Hydrology, 272(1-4): 264-275.

Rienzner M, Gandolfi C. 2014. Investigation of spatial and temporal variability of saturated soil hydraulic conductivity at the field-scale. Soil & Tillage Research, 135: 28-40.

Rodriguez-Iturbe I, d'Odorico P, Porporato A, et al. 1999. On the spatial and temporal links between vegetation, climate, and soil moisture, Water resources research, 35(12): 3709-3722.

Romano, Palladino. 2002. Prediction of soil water retention using soil physical data and terrain attributes. Journal of Hydrology, 265: 56-75.

Rubio C, Llorens P, Gallart F. 2008. Uncertainty and efficiency of pedotransfer functions for estimating water retention characteristics of soils. European Journal of Soil Science, 59(2): 339-347.

Salvucci G D. 2001. Estimating the moisture dependence of root zone water loss using conditionally averaged precipitation. Water Resources Research, 37: 1357-1365.

Santanello J A, Peters-Lidard C D, Garcia M E, et al. 2007. Using remotely-sensed estimates of soil moisture to infer soil texture and hydraulic properties across a semi-arid watershed. Remote Sensing of Environment, 110(1): 79-97.

Saulnier G M, Beven K, Ovled C. 1997. Including spatially variable effective soil depths in TOPMODEL. Journal of Hydrology, 29(12): 158-172.

Schaap M G, Leij F J, van Genuchten M T. 2001. Rosetta: a computer program for estimating soil hydraulic parameters with hierarchical pedotransfer functions. Journal of Hydrology, 251(3): 163-176.

Seibert J, Stendahl J, Sørensen R. 2007. Topographical influences on soil properties in boreal forests. Geoderma, 141(1-2): 139-148.

Sharma M L, Luxmoore R J. 1979. Soil spatial variability and its consequences on simulated water balance. Water Resources Research, 15: 1567-1573.

Sharma S K, Mohanty B P, Zhu J. 2006. Including topography and vegetation attributes for developing pedotransfer functions. Soil Science Society of America Journal, 70(5): 1430-1440.

Sivapalan M, Beven K, Wood E F. 1987. On hydrologic similarity: 2. a scaled model of storm runoff production. Water Resources Research, 23(12): 2266-2278.

Soet M, Stricker J N M. 2003. Functional behaviour of pedotransfer functions in soil water flow simulation. Hydrological Processes, 17(8): 1659-1670.

Sorooshian S, Bales R, Gupta H, et al. 2002. A brief history and mission of SAHRA: a national science foundation science and technology center on "sustainability of semi-arid hydrology and riparian areas". Hydrological Processes, 16(16): 3293-3295.

Srinivasan R, Zhang X, Arnold J, et al. 2010. SWAT ungauged: hydrological budget and crop yield predictions in the Upper Mississippi River basin. Transactions of the ASABE, 53(5): 1533-1546.

Sur C, Jung Y, Choi M. 2013. Temporal stability and variability of field scale soil moisture on mountainous hillslopes in Northeast Asia. Geoderma, 207: 234-243.

Tague C. 2005. Heterogeneity in Hydrologic Processes: A Terrestrial Hydrologic Modeling Perspective. New York: Springer.

Temme A J A M, Schaap J D, Sonneveld M P W, et al. 2012. Hydrological effects of buried palaeosols in eroding landscapes: a case study in South Africa. Quaternary International, 265(4): 32-42.

Tian J, Zhang B, He C, et al. 2017. Variability in soil hydraulic conductivity and soil hydrological response under different land covers In the mountainous area of the Heihe river watershed, Northwest China. Land Degradation & Development, 28(4): 1437-1449.

Vereecken H, Huisman J A, Franssen H J H, et al. 2015. Soil hydrology: recent methodological advances, challenges, and perspectives. Water Resources Research, 51(4): 2616-2633.

Vereecken H, Kamai T, Harter T, et al. 2007. Explaining soil moisture variability as a function of mean soil moisture: A stochastic unsaturated flow perspective. Geophysical Research Letters, 34(22): 315-324.

Vinnikov K Y, Robock A, Qiu S. 1999. Satellite remote sensing of soil moisture in Illinois, USA. Journal of

Geophysical Research, 104: 4145-4168.

Viviroli D, Archer D R, Buytaert W, et al. 2010. Climate change and mountain water resources: overview and recommendations for research, management and policy. Hydrology & Earth System Sciences Discussions, 7(3): 471-504.

Wang J, Fu B J, Qiu Y, et al. 2001a. Geostatistical analysis of soil moisture variability on Da Nangou catchment of the loess plateau, China. Environmental Geology, 41(1-2): 113-120.

Wang J, Fu B J, Qiu Y, et al. 2001b. Soil nutrients in relation to land use and landscape position in the semi-arid small catchment on the loess plateau in China. Journal of Arid Environments, 48(4): 537-550.

Wang N L, Zhang S B, He J Q, et al. 2009. Tracing the major source area of the mountainous runoff generation of the Heihe River in northwest China using stable isotope technique. Science Bulletin, 54(16): 2751-2757.

Wang S, Li X, Ge Y, et al. 2016. Validation of regional-scale remote sensing products in China: from site to network. Remote Sensing, 8(12): 980.

Wang Y Q, Shao M A, Liu Z P. 2012. Pedotransfer functions for predicting soil hydraulic properties of the chinese loess plateau. Soil Science, 177(7): 424-432.

Webster R, Burgess T M. 1980.Optimal interpolation and isarithemic mapping of soil properties III changing drift and universal kriging. Journal of Soil Science, 31: 505-524.

Wu J, Qi Y. 2000. Dealing with scale in landscape analysis: an overview. Geographic Information Sciences, 6(1): 1-5.

Wu T, Li Y. 2013. Spatial interpolation of temperature in the United States using residual kriging. Applied Geography, 44: 112-120.

Xi H, Qi F, Wei L, et al. 2010. The research of groundwater flow model in Ejina Basin, Northwestern China. Environmental Earth Sciences, 60(5): 953-963.

Yang Q, Zuo H, Li W. 2016. Land surface model and particle swarm optimization algorithm based on the model-optimization method for improving soil moisture simulation in a semi-arid region. Plos One, 11(3): e151576.

Yost R S, Uehara G, Fox R L. 1982a. Division s-5-soil genesis, morphology, and classification Geostatical analysis of soil chemical properties of large land areas: I semivariograms. Soil Science Society of America Journal, 46: 1028-1032.

Yost R S, Uehara G, Fox R L. 1982b. Geostatical analysis of soil chemical properties of large land areas: I semivariograms. Soil Science Society of America Journal, 46: 1033-1037.

Zhang L H, Jin X, He C S, et al. 2016. Comparison of SWAT and DLBRM for hydrological modelling of a mountainous watershed in arid Northwest China. Journal of Hydrologic Engineering, 21(5): 04016007.

Zhang P, Shao M A. 2013. Temporal stability of surface soil moisture in a desert area of northwestern China. Journal of Hydrology, 505(15): 91-101.

Zhao C Y, Qi P C, Feng Z D. 2009. Spatial modelling of the variability of the soil moisture regime at the landscape scale in the southern Qilian Mountains, China. Hydrology & Earth System Sciences Discussions, 6(5): 6335-6358.

Zhu G F, Zhang K, Li X, et al. 2016. Evaluating the complementary relationship for estimating evapotranspiration using the multi-site data across north China. Agricultural & Forest Meteorology, 230(230-231): 33-34.

Zhu Q, Lin H. 2011. Influences of soil, terrain, and crop growth on soil moisture variation from transect to farm scales. Geoderma, 163(1): 45-54.

Zimmermann B, Elsenbeer H, de Moraes J M. 2006. The influence of land-use changes on soil hydraulic properties: implications for runoff generation. Forest Ecology and Management, 222(1-3): 29-38.

Zurlini G, Zaccarelli N, Petrosillo I. 2006. Indicating retrospective resilience of multi-scale patterns of real habitats in a landscape. Ecological Indicators, 6(1): 184-204.

第 2 章　研究区概况

2.1　自然地理概况

2.1.1　地理位置

黑河流域是我国西北干旱区第二大内陆河流域，位于 98°00′～101°30′E，38°～42°N，发源于祁连山北麓，流经甘肃河西走廊，最后进入内蒙古额济纳旗境内，流域面积约为 14.3 万 km²。出山口莺落峡以上祁连山区为流域上游，是流域主要的产流区，中游为流域的耗水区，下游为流域的径流消失区（张光辉，2005；吴维臻等，2013a；Jin et al.，2015）。研究区主要位于黑河流域上游祁连山区（彩图 1）。

2.1.2　地质地貌

黑河上游位于青藏高原东北缘的祁连山区，主要山脉有疏勒南山、托来山、走廊南山。祁连山山体自第四纪以来，剧烈上升，受历次构造运动的影响，山体侵蚀及堆积作用强烈，主要的地貌类型有高山、中山、山间盆地与宽谷，以及山前区的低山、红土丘陵等。祁连山山峰海拔都在 4000 m 以上，山脚海拔一般为 2000 m，最高峰海拔为 5584 m（潘启民和田水利，2001）。

2.1.3　土壤与植被

黑河上游植被属山地森林草原，生长高山灌丛和乔木林，呈片状分布，垂直带谱极其分明，并以森林草原带为界，林线以下水分条件为垂直带谱分布的主要因素，林线以上温度是垂直带谱分布差异的主要因素（图 2.1）。海拔 4500 m 以上为积雪区，4000～4500 m 为高山垫状植被带，3800～4000 m 为高山草甸植被带，3200～3800 m 为高山灌丛草甸带，2800～3200 m 为山地森林草原带，2300～2800 m 为山地干草原带，2000～2300 m 为草原化荒漠带。植被的分布对调蓄径流、涵养水源起着重要的作用。程国栋等（2006）将黑河流域土地类型采用土地纲、土地类、土地型、土地单元 4 级分类，黑河上游以山地土纲为主，其中海拔 4500 m 以上为终年积雪区，海拔 4000 m 以上仅有稀疏垫状植被，受温度限制，景观为高寒荒漠；海拔 2500～3400 m 的中山区景观为森林草原；海拔 2500 m 以下的山地属于向荒漠过渡的地带。

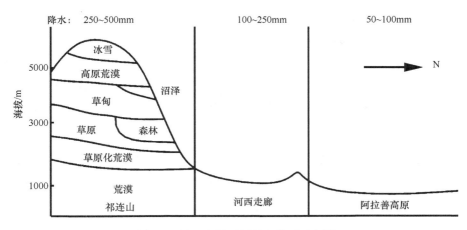

图 2.1　黑河上游不同景观类型示意图

黑河上游土壤类型有高山寒冷荒漠土壤系列、高山草甸土壤系列、山地草甸草原土壤系列、山地草原土壤系列和山地森林土壤系列，主要土类有寒漠土、高寒草甸土（寒冻毡土）、高山灌丛草甸土（泥炭土型寒冻毡土）、高山草原土（寒冻钙土）、亚高山草甸土（寒毡土）、亚高山草原土（寒钙土）、灰褐土、山地黑钙土、山地钙土等。黑河上游土壤垂直带分布也很明显，海拔 4000～4500 m 为寒漠土，3600～4000 m 为高山灌丛草原土和高山灌丛草甸土，3200～3600 m 为亚高山灌丛草甸土，2600～3200 m 阴坡为灰褐土，阳坡为山地栗钙土，1200～2600 m 为山地栗钙土，1900～2300 m 为山地黑钙土。黑河上游各种土壤类型占总面积的百分比见表 2.1（赵琛等，2014）。

表 2.1　黑河上游各种土壤类型占总面积百分比

土壤类型	占总面积百分比/%
饱和寒冻毡土	29.31
淡栗钙土	7.40
典型寒冻钙土	1.48
典型寒漠土	9.33
典型黑钙土	2.05
典型灰钙土	1.53
典型灰褐土	1.34
典型栗钙土	12.58
石灰性寒冻钙土	7.95
石灰性寒钙土	3.05
黏化灰漠土	1.34

资料来源：赵琛等，2014。

2.2　水文气象特征

2.2.1　气象特征

黑河流域位于欧亚大陆腹地，远离海洋，为典型的大陆性季风气候。夏季，东南太平洋暖湿气流可途经我国大陆，翻越秦岭和黄土高原，影响本区；西南气流因受青藏高原影响，可把印度洋和孟加拉湾等南亚洋面的水汽带入区内的东部；西部大西洋的北部北冰洋气流远途跋涉欧亚大陆，经中亚、黑海，翻越准噶尔界山、天山，到本区西部时水汽已经缺失、空气干燥，导致其影响较弱。冬季，本区在蒙古、西伯利亚高压控制之下变得格外寒冷与干燥（潘启民和田水利，2001）。黑河上游山区气候特征见表 2.2（张光辉，2005）。

表 2.2　黑河上游山区气候特征指标

地点	平均气温/℃	平均降水量/mm	平均蒸发量/mm	干旱指数	无霜期日数/d	年均风速/（m/s）
东部	0.7	340.8	867.1	2.5	60	2
中部	3.6	386.9	980.3	2.5	123	2.5
西部	-3.1	238.8	1017.1	4.3	11	2.1

注：干旱指数为年水面蒸发量与年降水量的比值。
资料来源：张光辉，2005。

黑河上游祁连山区与黑河中下游不同，属于青藏高原的祁连-青海湖区，受青藏高原气候影响，降水多、蒸发小、气温低、高寒阴湿是本区气候的基本特点。各项气象要素的垂直带分布十分明显，降水量随高程的增高而增加，蒸发量随高程的增高而减小，气温随高程的增高而变冷，湿度随高程的增高而增大，日照时数随高程的增高而减短（王宁练等，2009；吴维臻，2014）。其中，在海拔 2100～2500 m 的浅山区和干旱河谷，年平均气温为 2～5℃，>10℃积温为 1130～2200℃，最热月平均气温为 14～19℃，年降水量为 235～330 mm。在海拔 2500～3300 m 的中山区，年平均气温为-0.7～2℃，>10℃积温为 200～1130℃，7 月平均气温为 10～14℃，年降水量为 330～500 mm。在海拔3300～3800 m 的亚高山区，年平均气温为-1.5～-0.7℃，>10℃积温小于200℃，7 月平均气温为 6～10℃，年降水量大于 500 mm。在海拔 3800～4500 m 的高山区，年降水量可超过 500 mm，终年低温，月平均气温仅两个月左右在 0℃以上。海拔 4500 m 以上为永久冰川和永久积雪。

2.2.2　水文特征

黑河流域常年性河流全部源于祁连山区，主要水系有黑河、山丹河、洪水河、梨园河、摆浪河、马营河、丰乐河、洪水坝河和托来河等 30 多条河流。其中，汇水面积100 km^2 以上的河流有 17 条，最大的河流是东部的黑河干流，其次是西部的托来河。大多数河流水量小，导致出山后消失在冲洪积扇地带转化为地下水。截至 2010 年，黑河流域上游山区有冰川 375 条，面积为 78.33 km^2，冰储量为 8.75 km^3（张光辉，2005；孙美平等，2015；赵琛等，2014）。

黑河水系按照来水和用水系统不同可以分为 3 个相对独立的子水系，包括东部子水系、中部子水系和西部子水系。习惯以酒泉马营河和酒泉洪水河为界，把黑河流域分为东、中、西 3 个水系，西部水系包括酒泉洪水河在内的以西流域，干流为托来河，主要支流有酒泉洪水河，酒泉洪水河在金塔上游汇入托来河，其归宿为金塔盆地。中部水系以酒泉洪水河流域为界，东至马营河，主要河流有红山河、观山河、丰乐河、酒泉马营河，归宿为肃南明花-高台盐池。东部水系包括马营河以东流域，干流为黑河，主要支流有摆浪河、梨园河、大野口、海潮坝、小渚马河、大渚马河、童子坝河、民乐洪水河、民乐马营河等，这些支流在正义峡以上汇入黑河，其尾闾为西居延海。黑河上游分为东西两岔，东岔名为八宝河，发源于青海省俄博滩东的景阳岭，东西流向，河长 101 km，流域面积 2452 km²；西岔名为野牛沟，发源于青海省托来南山的铁里干山，西北东南流向，河长 182 km，流域面积 4589 km²。东西两岔在黄藏寺汇合，折向北流至莺落峡出祁连山。各子水系之间现已基本失去地表水力联系，仅通过地下水系统保持微弱的水力联系（彩图 2）（潘启民和田水利，2001；张光辉，2005）。

黑河上游出山口设立的水文观测站有 11 个，布设年限从 1943 年开始不等（王学良和吴宜芳，2010）。黑河流域山前地区多年平均天然径流量达 36.413 亿 m³，出山径流量达 35.639 亿 m³。其中，东部子水系拥有天然径流量 25.016 亿 m³，占总量的 68.7%；中部子水系天然径流量为 2.614 亿 m³，占总量的 7.2%；西部子水系为 8.783 亿 m³，占总量的 24.1%（表 2.3）（王学良和吴宜芳，2010；程国栋等，2010；程国栋，2009）

表 2.3 黑河上游水文站网统计汇总

序号	河名	站名	站址	集水面积/km²	设站年月
1	黑河	札马什克	青海省祁连县札马什克	4589	1956 年 12 月
2	八宝河	祁连	青海省祁连县八宝乡	2452	1967 年 5 月
3	黑河	莺落峡	甘肃省甘州区龙渠乡莺落峡	10009	1943 年 10 月
4	梨园河	梨园堡	甘肃省肃南县喇嘛湾乡	1080	1984 年 1 月
5	马营河	李桥水库	甘肃省山丹县李桥乡李桥水库	1143	1976 年 7 月
6	洪水河	双树寺水库	甘肃省民乐县永固乡上湾村	578	1976 年 5 月
7	大渚马河	瓦房城水库	甘肃省肃南县大渚麻乡	229	1990 年 5 月
8	梨园河	鹦鸽咀水库	甘肃省肃南县白银乡孟家庄	1620	1990 年 5 月
9	丰乐河	丰乐	甘肃省肃南县祁连乡丰乐	568	1966 年 6 月
10	洪水坝河	新地	甘肃省肃州区西洞乡新东一村	1581	1965 年 5 月
11	托来河	冰沟	甘肃省嘉峪关市火车站	7095	1968 年 5 月

资料来源：王学良和吴宜芳，2010。

由于大气降水和冰雪融水是祁连山地区径流的主要补给来源，其时空分布及区域水文气象条件和山区下垫面及地形条件等决定了祁连山区水文特征的时空分布规律（康尔泗等，1999）。一般情况下，径流量与降水量在暖季较大，春季由于温度的原因，径流补给仍然以冰雪融水和地下水补给河道为主。到了夏秋季节，降水量迅速增加，导致径流以降水补给为主，同时河川径流补给地下水。因此，祁连山区的径流具有春汛、夏洪、秋平、冬枯的年内变化特征。降水过程和温度变化影响着区域地表径流的年内分配。径流的年内变化由于受到温度、降水、下垫面等条件的综合影响，具有一定的周期性，黑河冬春 10 月到来年 3 月之间的枯水季节的径流量只占年径流总量的 1/5 左右，该时段内的降水主要以雨雪的方式降下，以固态的形式储存，且该时间段降水量较少，只占年降水总量的 5%～10%。3 月后，随着温度的升高，冰雪融水增加，降水也比枯水季节有所增加，地表径流量逐渐上升，径流量可以占到全年总流量的 1/4，每年的 7～9 月为黑河上游地区的雨季，降水量迅速增加，且随着温度的升高，冰川融水量进一步增大，地表径流量迅速增大，可达到全年的 1/2 以上（康尔泗等，1999；郭巧玲等，2011；吴维臻等，2013b）。

2.3　生态环境概况

黑河流域属于中国西北干旱半干旱区，由于深居内陆，远离海洋，属大陆性气候，常年降水偏少且蒸发量大，是中国水资源严重匮乏的地区。一方面，近年来随着该区域社会经济的快速发展，农业、工业及生活用水的需求不断增加；另一方面，该区域生态环境脆弱，为保护和维持脆弱的生态环境也需要一定的生态水量（吴维臻等，2013b），该区域生态环境需水与农业生活用水之间的矛盾越来越大。祁连山区发育了中国干旱半干旱地区的多条内陆河，如石羊河、黑河及疏勒河等。这些内陆河是维持河西走廊地区人民生活生产用水与绿洲生存发展的主要水源，也为维持下游荒漠生态系统功能提供了生态用水（康尔泗等，1999）。水资源不足已成为西北地区经济发展和环境改善的主要限制因素，主要表现在：①水资源匮乏，农业用水严重浪费。一方面，河西走廊绿洲过度拦截引用的河水，造成河道下泄水量减小，导致下游生态系统受到严重破坏（Jiang et al.，2016）。因此，黑河流域自 1999 年就开始实施分水计划，保证下游的生态用水（盖迎春等，2014）。另一方面，水资源利用效率不高，目前农业灌溉用水占 80%以上，灌溉水从渠系到田间作物吸收的净利用效率仅为 22%～30%（高前兆等，2004）。②经济用水挤占生态环境用水，中下游用水矛盾突出。流域内的经济发展主要是以扩大农业灌溉面积、增引河川径流量的方式。这种粗放型的农业发展模式严重浪费水资源，从而导致生态环境用水被挤占，下游生态环境恶化（肖生春和肖洪浪，2008；He et al.，2009）。

2008 年，由环境保护部和中国科学院联合发布的《全国生态功能区划》方案将全国划分为生态调节功能区、农产品提供功能区和人居保障功能区三大类共 216 个具体功能区。根据该方案，祁连山被国家定位为重要的生态调节功能区，称为祁连山山地水源涵养重要区，成为国家 50 个重要的生态服务功能区域。由于地处西北内陆地区，其涵养水源的功能极为重要，是其首要的生态功能定位。同时，水土保持和生物多样性保护是其的辅助功能，对保障西北地区水安全、生态安全等方面具有重要作用。祁连山区是中国第二大内陆河——黑河的发源地，祁连山山地水源涵养重要区发挥其水源涵养等生态功能对保持和增加黑河流域的出山径流量具有重要作用，所以保护和维持祁连山区的自然生态，恢复上游地区的水源涵养等生态功能对黑河流域水安全和水资源可持续利用具有重大意义。

但近年来祁连山区的生态环境持续恶化，主要表现为山地森林、草原生态系统破坏较严重，草原植被退化，森林带萎缩（郝振纯和宗博，2013），水源涵养和水土保持功能下降，土壤侵蚀加重，生物多样性受到破坏（中华人民共和国环境保护部和中国科学院，2008）。加之受全球气温增加的影响，祁连山区冰川面积减少，雪线上升，导致黑河流域冰川水储量减少（孙美平等，2015），加剧了未来的水资源供需矛盾。作为国家定位的祁连山水源涵养功能区,其涵养水源等生态功能已受到严重威胁,必须采取切实可行的措施加以改善。

参 考 文 献

程国栋. 2009. 黑河流域水-生态-经济系统综合管理研究. 北京: 科学出版社.

程国栋, 肖红浪, 陈亚宁. 2010. 中国西部典型内陆河流域生态-水文研究. 北京: 气象出版社.

程国栋, 肖洪浪, 徐中民, 等. 2006. 中国西北内陆河水问题及其应对策略——以黑河流域为例. 冰川冻土, 28(3): 406-413.

盖迎春, 李新, 田伟, 等. 2014. 黑河流域中游人工水循环系统在分水前后的变化. 地球科学进展, 29(2): 285-294.

高前兆, 李小雁, 仵彦卿, 等. 2004. 河西内陆河流域水资源转化分析. 冰川冻土, 26(1): 48-54.

郭巧玲, 杨云松, 畅祥生, 等. 2011. 1957～2008 年黑河流域径流年内分配变化. 地理科学进展, 30(5): 550-556.

郝振纯, 宗博. 2013. 黑河上游土地利用与覆被变化特征. 中国农村水利水电, (10): 115-118.

康尔泗, 程国栋, 蓝永超, 等. 1999. 西北干旱区内陆河流域出山径流变化趋势对气候变化响应模型. 中国科学, 29(S1): 48-55.

潘启民, 田水利. 2001. 黑河流域水资源. 郑州: 黄河水利出版社.

孙美平, 刘时银, 姚晓军, 等. 2015. 近 50 年来祁连山冰川变化——基于中国第一、二次冰川编目数据. 地理学报, 70(9): 1402-1414.

王宁练, 贺建桥, 蒋熹, 等. 2009. 祁连山中段北坡最大降水高度带观测与研究. 冰川冻土, 31(3): 395-403.

王学良, 吴宜芳. 2010. 黑河流域水文站网现状及设站年限分析. 甘肃水利水电技术, 46(9): 13-16.

吴维臻. 2014. 坡面尺度土壤水分茎间异质性特征及其与地形因子的关系. 兰州大学硕士学位论文.

吴维臻, 李金麟, 田杰, 等. 2013b. 黑河流域出山径流模拟. 干旱区资源与环境, 27(8): 143-147.

吴维臻, 田杰, 赵琛, 等. 2013a. 黑河上游水文气象变量变化趋势多尺度分析. 海洋地质与第四纪地质, 33(4): 37-44.

肖生春, 肖洪浪. 2008. 黑河流域水环境演变及其驱动机制研究进展. 地球科学进展, 23(7): 748-755.

张光辉. 2005. 西北内陆黑河流域水循环与地下水形成演化模式. 北京: 地质出版社.

赵琛, 张兰慧, 李金麟, 等. 2014. 黑河上游土壤含水量的空间分布与环境因子的关系. 兰州大学学报, 50(3): 338-347.

中华人民共和国环境保护部, 中国科学院. 2008. 全国生态功能区划. http://www.zhb.gov.cn/info/bgw/bgg/200808/t20080801_126867.htm[2008-07-18]

He C S, deMarchi C, Croley II T E, et al. 2009. Hydrologic modeling of the Heihe watershed by DLBRM in Northwest China. Journal of Glaciology and Geocryology, 31(3): 410-421.

Jiang Y W, Zhang L H, Zhang B Q, et al. 2016. Modeling irrigation management for water conservation by DSSAT-maize model in arid northwestern China. Agricultural Water Management, 177: 37-45.

Jin X, Zhang L H, Gu J, et al. 2015. Modeling the impacts of spatial heterogeneity in soil hydraulic properties on hydrological process in the upper reach of the Heihe River in the Qilian Mountains, Northwest China. Hydrological Processes, 29(15): 3318-3327.

第 3 章　黑河上游土壤水文性质的观测与分析

3.1　黑河上游土壤水文要素观测体系建立

3.1.1　径流场的建立

黑河上游草地主要分布在海拔 2500～3300 m，其面积占黑河上游山区面积的 28.3%（卢玲等，2001），是该地区重要的生态类型。草地土壤水分的分布及产流入渗特征不仅决定流域产流能力，还是理解区域陆面水文过程和生态-水文响应的关键。本书选取 4 种不同的典型草地下垫面作为研究对象，分别建立径流场（彩图 3），以开展黑河上游草地水文过程的研究。其中，扁都口为农牧交错带草地，位于民乐县内祁连山山口坡地（38.201° N，100.737°E；2886 m），试验地两侧分别为牧场和旱耕地，坡度约为 15°，坡向朝东。大野口为森林草地过渡带草地，位于肃南裕固族自治县境内的红石峡（38.556°N，100.285°E；2698 m），试验点设置于寒生高山森林与草地之间的过渡缓坡地，坡度约为 13°。康乐为草原草地，位于肃南裕固族自治县康乐镇（38.834°N，99.913°E；2839 m），试验点位于山前坡地，坡度为 10°。该试验点为冬季牧场，围栏圈护一年后进行观测。天涝池为草甸草地，位于祁连山腹地寺大隆森林保护站内（38.435°N，99.926°E；3001 m），坡度约为 15°，受东西两侧高山影响，直接日照时间略小于实际日照长度。

研究样点的植被以干旱半干旱型植被为主，广泛分布禾本科（Gramineae）、莎草科（Cyperaceae）植被。其中，扁都口与大野口的植被盖度分别为 95% 和 60%，除优势种冰草（*Agropyron cristatum*）及薹草（*Carex tristachya*）外，还分布有一定数目的瑞香科狼毒（*Stellera chamaejasme* Linn），以及蔷薇科（Rosaceae）蕨麻（*Potentilla anserina* Linn）和委陵菜（*Potentilla*）。康乐草原草地植被盖度最低（30%），主要植被为冰草及苔草。天涝池草甸草地植被密集，植被盖度为 100%，主要植被为冰草及垂穗莎草（*Cyperus nutans* Vahl）、紫花针茅（*Stipapurpurea*），以及伞形科（Umbelliferae）小茴香（*Foeniculum vulgare Mill*）等株高较高的多年生草种。植被株高 5～30 cm 不等，根系主要分布于 0～30 cm 层，其中草甸草地须根主要分布在 0～10 cm 层。土壤、气象因子等由各试验点独立设站观测记录。4 种草地类型样地在黑河上游自东向西分布，类型差异明显，以下将草地类型分别简称为交错带草地（扁都口）、过渡带草地（大野口）、草原草地（康乐）及草甸草地（天涝池）。

3.1.2　定位观测点的建立

土壤水分受气候条件、地形、土壤理化性质和植被覆盖等多种因素直接或间接的影响，因此具有极强的时空变异性。为了获取黑河上游土壤水分时空异质性信息，本书在黑河上游建立土壤水分定点监测系统。为了使定点监测系统的选取具有代表性，以 3 个对土壤水分异质性产生重要影响的因子：土地利用/土地覆盖、土壤类型及海拔为考量因素，对黑河上游进行划分，具体划分方法如下。

（1）将研究区土地利用/土地覆盖、土壤类型和数字高程模型数据集转换为适用于ArcGIS 的 Shapefile 格式；

（2）覆盖上述数据集定义土地覆盖-土壤-数字高程模型类别；

（3）合成上述类似的土地覆盖-土壤-数字高程模型类别，生成更大更均匀的类别；

（4）在每个不同类别中随机选择土壤采样点并分层采样；

（5）用 ArcGIS 的泰勒多边形工具确定采样点的土壤异质性区域。

基于以上对研究区域划分的原则和方法，综合考虑了前往划分区域的可行性、项目经费的合理分配等因素，最终把黑河上游地区划分为 32 个不同属性的区域，确定了 32个定位观测点。其分布图和属性分别如彩图 4 和表 3.1 所示。

表 3.1　32 个定位观测点属性

土壤植被组合类型	高程分带/m	土壤类型	土地利用
1	2000～2500	典型灰钙土	中覆盖度草地
2	2000～2500	淡栗钙土	中覆盖度草地
3	2000～2500	黏化灰漠土	中覆盖度草地
4	2500～3000	典型栗钙土	中覆盖度草地
5	2500～3000	淡栗钙土	中覆盖度草地
6	3000～3500	淡栗钙土	中覆盖度草地
7	3000～3500	石灰性寒冻钙土	中覆盖度草地
8	3000～3500	饱和寒冻毡土	中覆盖度草地
9	3500～4000	饱和寒冻毡土	中覆盖度草地
10	3500～4000	石灰性寒冻钙土	中覆盖度草地
11	2500～3000	典型栗钙土	有林地
12	2500～3000	典型灰褐土	有林地
13	2500～3000	泥炭土型寒毡土	有林地
14	2500～3000	淡栗钙土	有林地
15	3000～3500	泥炭土型寒毡土	有林地
16	3000～3500	饱和寒冻毡土	有林地
17	3500～4000	泥炭土型寒毡土	有林地
18	2500～3000	典型黑钙土	农田
19	2500～3000	旱耕黑钙土	农田
20	2500～3000	典型栗钙土	裸岩石砾地
21	2500～3000	石灰性寒钙土	裸岩石砾地
22	3000～3500	石灰性寒钙土	裸岩石砾地
23	3000～3500	饱和寒冻毡土	裸岩石砾地
24	3500～4000	典型寒冻钙土	裸岩石砾地
25	4000～4500	典型寒漠土	裸岩石砾地

续表

土壤植被组合类型	高程分带/m	土壤类型	土地利用
26	4000~4500	饱和寒冻毡土	裸岩石砾地
27	2500~3000	典型栗钙土	高覆盖度草地
28	2500~3000	淡栗钙土	高覆盖度草地
29	3000~3500	典型栗钙土	高覆盖度草地
30	3000~3500	泥炭土型寒毡土	高覆盖度草地
31	3000~3500	饱和寒冻毡土	高覆盖度草地
32	3500~4000	饱和寒冻毡土	高覆盖度草地

在 32 个不同的定位观测点样地，分别利用目前国际通用的 ECH2O（DECAGON 公司）土壤水分监测系统长期记录土壤水文要素。本书在每个观测点使用 5 组 5TE 三项探头，分别监测土壤水分、温度和电导率。监测系统埋设前利用烘干法校准，确保其测量误差在仪器误差范围之内（±3%）。在埋设探头时，为避免探头受土壤中砾石、根系、动物洞穴等的影响，先挖取与坡向垂直的剖面，详细记录土壤剖面和植被根系分布特征，将探头垂直插入，确保系统运行正常后按照原状土层掩埋剖面。观测深度分别为 0~10 cm、10~20 cm、20~30 cm、30~50 cm 和 50~70 cm。探头数据采集间隔为 30 分钟，试验观测自 2013 年 7 月开始。

3.2 黑河上游土壤入渗过程

3.2.1 典型草地人工降雨试验

1. 人工降雨器工作原理

本书中实验使用的便携式模拟降雨器采用下喷式喷头降雨，设计结构如图 3.1 所示，主要由支架、喷头、软管、连接管件、稳压分水罐、水泵等组成。降雨器有效降雨范围为 1 m×1 m，降雨范围内有 4 个喷头，由 3 路管道分别供水（其中，有两个喷头为同一路管道供水，可同时打开、关闭）。4 个喷头型号均为 4.3 w，当供水压力为 0.15 MPa（可调）时，喷头的雨强为 0.42 mm/min。通过打开不同数量的喷头可形成 0.42 mm/min、0.84 mm/min、1.26 mm/min、1.68 mm/min 的雨强，即总雨强 $H=n×h$（其中，n 为打开喷头个数，h 为单个喷头雨强）。另外，还可通过改变供水压力来改变单个喷头的雨强，从而通过喷头叠加形成更强的雨强。单个喷头的雨强与供水压力的关系为 $h=3.54(P-0.02)-0.036$。其中，h 为降雨强度，单位为 mm/min；P 为供水压力，单位为 MPa。

2. 人工模拟降雨试验设计

为更真实地还原自然降雨状况，计算黑河上游不同典型草地自然降雨出现频率

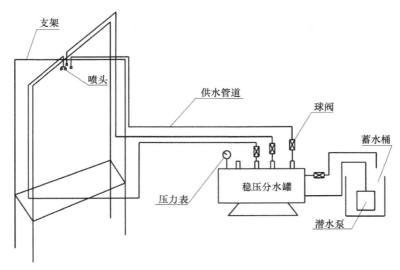

图 3.1　降雨器结构示意图

及其对应的降雨大小，进而设计人工模拟雨强。由于自然降雨是多因素复杂的水文过程，人工降雨难以完全模拟，因此在人工模拟降雨中以模拟自然降水量为主。不同典型草地的日均降水量呈正态分布，计算观测点不同日均降水量的频率，选取频率为 20%、40%、60%、80%对应的近似降水量作为人工模拟降雨的设计降水量值。

在不同典型草地分别选取坡度为 10°～15°的平坦坡面建立径流场，通过控制人工降雨器压力和降雨喷头数来控制模拟雨强及降水量，并观测其对应的产流量及产流时间。径流场采用长 1 m、高 0.3 m 的钢板插入地表以下 0.2 m，围成 1 m×1 m 的正方形。降雨试验选在早晚无风或者微风时段进行，同时在不影响模拟降雨的情况下，在径流场周围及顶部用防水雨布遮挡。为避免阵风的影响，在上下风向分别布置量筒测量降水量并计算实际降水量。模拟降雨的持续时间设置如下：①若降雨不产流，则降雨历时持续 30 分钟；②若降雨在 30 分钟内产生地表径流，则降雨持续至产流稳定。试验中产流量通过标准量筒接取并称量的方式记录，时间间隔为 5 分钟，降雨停止后继续称量产流量。降雨试验过程中采用 ECH2O 土壤水分观测系统的 5TE 探头观测产流过程中表层土壤水分变化，观测深度分为 6 层，分别为 5 cm、10 cm、15 cm、20 cm、30 cm 和 40 cm。为了精确记录降水的入渗情况，水分探头使用 PVC 管由径流场侧面横向深入径流场内（彩图 5）。为了避免前后试验相互影响，并考虑试验成本，每次试验间隔时间大于 2 小时。

为了更准确地模拟自然降雨，在 4 种不同典型草地分别设计 4 组不同的雨强进行试验。为了易于观测产流并便于进行对比分析，试验样地坡度选取约为 15°。由于受水源供给和风速等因素的影响，实际试验中降雨器在相同参数下的雨强不完全相同，仍存在较大差异。其中，草原草地和草甸草地无小雨量级（<10 mm/h）降雨，但也覆盖了从中雨（10～15 mm/h）、大雨（15～30 mm/h）到暴雨（30～60 mm/h）量级的降雨。过渡带草地和交错带草地覆盖了从小雨（<10 mm/h）、中雨（10～15 mm/h）、大雨（15～30 mm/h）到暴雨（30～60 mm/h）量级的降雨。为了方便描述对比，将 4 组降雨模拟试验分别编号，编号及不同设计雨强的降雨产流参数见表 3.2。

表 3.2　　不同类型草地设计降水量及雨强、开始产流时间及径流深

草地类型	降雨编号	初始含水量/（m³/m³）	雨强/（mm/h）	降水量/mm	开始产流时间/min	径流深/mm
交错带草地	A1	0.324	9.09	4.55	17.79	0.093
	A2	0.316	14.58	7.29	12.80	0.324
	A3	0.233	21.59	10.80	7.13	0.569
	A4	0.235	32.39	16.20	2.13	1.580
过渡带草地	B1	0.417	6.79	5.09	25.83	0.042
	B2	0.411	15.34	10.23	15.27	0.162
	B3	0.287	28.41	16.57	9.60	0.195
	B4	0.453	53.98	22.49	3.83	1.250
草原草地	C1	0.315	15.25	12.71	29.83	0.114
	C2	0.292	17.05	11.37	20.45	0.206
	C3	0.299	23.18	13.52	11.00	0.428
	C4	0.353	46.59	23.30	2.00	1.294
草甸草地	D1	0.365	15.10	8.81	17.10	0.050
	D2	0.371	18.51	10.80	14.80	0.067
	D3	0.345	25.00	12.50	14.17	0.067
	D4	0.228	37.50	25.00	13.75	0.136

3.2.2　典型草地模拟人工降雨入渗特征

目前，对土壤入渗过程的研究主要集中在实验室内均质土壤入渗及定雨量野外径流入渗试验，在流域尺度上则通过实测降雨、径流数据推算入渗量及入渗率（赵西宁和吴发启，2004）。土壤入渗往往受降雨特征、下垫面条件、土壤水分及气象要素等多种因素的影响，在时间和空间尺度具有很大的随机性，但是在单一影响因素控制下具有一定的规律。本次人工模拟降雨试验采用不同雨强进行多次不同坡度试验，降雨后土壤水分含量受降水量的影响，不同草地各层土壤体积含水量随降雨变化如彩图 6 所示。

由彩图 6 可以看出，交错带草地降雨初期 5~30 cm 土壤水分随深度逐渐减小，30~40 cm 土壤水分迅速增大且 40 cm 土壤水分大于 10cm、15cm、20cm、30 cm 各层。初次降雨后 15 cm 以上土壤水分波动明显。其中，降雨开始后 5 cm 土壤体积含水量由 22.7%增大到 38.2%，并在降雨停止后迅速下降。10 cm 和 15 cm 的土壤体积含水量分别从 16.6%和 19.0%上升到 23.5%和 23.2%，降雨停止后土壤水分稳定，无明显下降趋势。随着土壤深度的增加，降雨对土壤水分含量的影响逐渐减小，其中 20 cm 和 30 cm 土壤水分在降雨开始约 30 分钟后逐渐有增大趋势，但增幅都较小。在降雨结束后，20 cm 和 30 cm 土壤水分短时间内（30 分钟）没有立即减少。40 cm 土壤水分则在初次降雨过程中无变化。随后的降雨试验中，5 cm 土壤水分均随降雨过程剧烈波动，但夜间土壤水分下降的速率明显较白天小。10~30 cm 土壤水分在连续三次降雨后逐步上升至最大值，此后也呈现出降雨时上升、雨停后下降的趋势，且随深度加深，变化幅度逐渐减小。40 cm 土壤水分在降雨累积后略微上升（增大 3%），此后长时间内处于稳定状态。

过渡带草地土壤初始含水量分布与过渡带总体一致，但过渡带 5 cm 土壤水分小于10 cm。初次降雨后，5 cm、10 cm 土壤水分迅速上升，15 cm、20 cm 土壤水分对降雨的响应有 20 分钟延迟，变化程度也较 5 cm 和 10 cm 小。初次降雨后 2 h，5~20 cm 土壤体积含水量分别升高 20.3%、14.9%、5.1%、2.5%。在同一时段内，30 cm 和 40 cm 土壤水分基本无变化。降雨后各层土壤水分并无明显的下降趋势。20 h 后再次降雨，5~40 cm 土壤水分都在降雨开始后迅速上升，雨停后下降，且变化程度与土壤深度和降水量都没有明显的相关关系，没有降雨时土壤水分基本稳定。

草原草地 40 cm 土壤初始含水量大于其他各层。多次降雨试验中，只有表层 5 cm土壤水分对降雨过程迅速响应。3 次降雨后，10 cm、15 cm 和 20 cm 土壤层水分才先后出现上升现象，3 层土壤水分对降雨的响应分别距离第一次降雨约 7 小时、8.5 小时和11.5 小时，变化幅度分别为 8.6%、4.6%、5.6%。30 cm 和 40 cm 土壤层水分在前四次降雨过程中几乎稳定不变，而在第五次降雨时立即上升，此时 10~20 cm 土壤层水分并没有响应的上升过程。根据土壤水分入渗过程判断，此时 30 cm 和 40 cm 土壤水分上升可能是由降雨沿土壤水分探头插管直接流入土壤导致。

草甸草地初始含水量随深度逐渐减小。初次降雨后，5~30 cm 土壤水分对降雨响应明显，且响应的速度也有明显的先后顺序，随深度加深，响应逐渐延迟。各层含水量雨后都呈迅速增加趋势，但增加的量有所差异，其中 5 cm、10 cm、15 cm、20 cm 土壤体积含水量分别增加至 39.7%、38.2%、33.5%、40.4%，并在之后的降雨试验中基本稳定。30 cm 土壤体积含水量在初次降雨后仅增加至 19.8%，并且在随后降雨过程中波动上升。40 cm 土壤水分在第二次降雨后 40 分钟出现增大趋势，之后的波动状态与 30 cm 土壤水分一致，但是对小雨强降雨无明显反应。

4 种典型草地降雨试验各层土壤初始含水量，初次降雨后最大含水量和变化量，总降雨过程中最大含水量及平均含水量，分别统计见表 3.3。结合彩图 6，以及气象、土壤数据可知，交错带草地表层土壤导水率较大，因此降雨入渗速率较快，而较强的持水能力使得土壤吸收的水分不易流失（变异系数较其他草地小）。交错带草地对降雨有较高的利用率，加之年均降水量远高于黑河上游其他区域，使得该区域成为黑河上游优良的牧场及农产品种植区。过渡带草地受乔木、灌木生态系统影响，受土壤表层腐殖质含量较高的影响，土壤中的有机质和团聚体相应增加，进而缓冲降雨入渗、增强土壤吸持水能力。因此，5 cm、10 cm 土壤初始含水量、变化量及均值都远大于其他土壤层。由彩图 6（b）也可看出，土壤水分分布以 10 cm 为界限分为差异显著的两层。草原草地年均降水量在 4 种草地类型中最小，因此土壤初始含水量较低，植被盖度小，土壤在长时间缺水的状态下逐步压实、板结，土壤中空隙结构被细颗粒填实后容重增大，导水率减小，短期、低强度降雨很难入渗到草地土壤 10 cm 以下。长期以来，草原草地土壤、植被和气象系统形成恶性循环，土壤沙化和草地退化将在气候暖干化背景下成为不可避免的趋势。草甸草地植被发育良好，表层土壤受植被根系互相盘结形成致密的"草毡层"。一方面植被根系造成的大孔隙可以为降雨提供畅通的入渗通道，使得降雨能够迅速入渗至植被根系层。另一方面，致密的植被可以有效阻止土壤水分蒸发和水土流失，而且"草毡层"同时也是土壤水分储存的关键层，这种土壤结构可以为植被生长提供充足供水，维持草地良好的生态状况及特殊的小气候环境，因此形成黑河上游草原草地对降雨的拦蓄和涵养功能。

表 3.3 典型草地降雨入渗统计

草地类型	土壤层深度/cm	初始含水量/%	初次降雨		总降雨过程		
			最大含水量/%	变化量/%	最大含水量/%	平均含水量/%	变异系数/%
交错带草地	5	22.70	37.90	15.20	38.80	33.90	0.11
	10	19.00	23.80	4.70	29.80	26.60	0.08
	15	16.60	23.20	6.60	31.00	26.40	0.11
	20	19.50	21.80	2.30	28.50	25.50	0.09
	30	12.50	14.10	1.60	17.80	16.00	0.09
	40	20.40	21.70	1.30	23.20	22.80	0.06
过渡带草地	5	18.50	39.50	21.00	41.00	18.50	0.24
	10	27.40	42.30	14.90	46.50	27.40	0.13
	15	17.40	23.10	5.70	29.90	17.40	0.14
	20	11.10	14.50	3.40	24.80	11.10	0.20
	30	17.60	18.50	0.90	27.20	17.60	0.12
	40	21.70	22.70	1.00	33.00	21.40	0.14
草甸草地	5	11.10	32.60	21.50	41.00	31.50	0.19
	10	10.40	11.00	0.60	22.60	16.50	0.26
	15	5.40	6.50	1.10	13.70	8.60	0.29
	20	7.70	8.30	0.60	16.90	10.80	0.28
	30	9.70	10.40	0.60	17.30	10.80	0.14
	40	12.10	13.40	1.30	17.20	13.60	0.08
草原草地	5	29.20	39.70	10.50	39.70	36.70	0.08
	10	21.10	38.20	17.10	38.20	34.20	0.14
	15	22.70	33.50	10.80	38.30	32.70	0.14
	20	24.20	40.40	16.20	42.00	36.90	0.15
	30	12.20	19.90	7.70	29.00	21.10	0.23
	40	5.20	6.30	1.10	14.20	9.40	0.36

3.2.3 典型草地模拟人工降雨入渗过程

根据 Green 和 Ampt（1911）对土壤表层有薄积水入渗，以及 Power（1934）对密封土柱入渗的研究结果，土壤入渗过程可看作是地面补给水分与包气带中不相容的气体相互替代的过程。在降雨入渗过程中，影响产流的不同因素也是一个动态变化的过程，即非饱和一维入渗的过程中产流受初始条件改变的影响。入渗进行到一定阶段后，初始入渗条件改变，土壤内部封存气体的变化对入渗过程产生很大的影响。考虑土壤封存气体对土壤水分入渗的阻碍作用，可以将黑河上游的人工降雨入渗过程分为两个阶段：①初始降水量较大，降雨一定时间后土壤表层完全饱和并产生薄层积水，由于径流场四周挡水板对土壤中气体和水分起到侧向密封的作用，湿润锋以下气体被封存，此时土壤水分下渗呈活塞式运动。随着土壤水分继续下渗，封存气体逐渐被压缩，土壤内部气体压力逐渐增大，此时湿润锋下移速度将减缓，土壤水分下渗强度随之减小；在降水量不变的情况下，土壤水分下渗强度减少，地表产流量会逐渐增大。②湿润锋以下气体被压缩，当土壤内部气体压力增加到一定值时，封存气体会突破封存包围圈逸出，此时土壤内部气体压力突然减小，同时气体逸出通道变为土壤水分入渗通道，湿润锋会快速向下移动，土壤水分下渗强度随之增大，进而地表径流量逐渐减小。随着入渗继续，土壤内气体会重复聚集、压缩及逸出的循环过程。在理想状态下，表层有积水的密封土柱饱和入渗将一直重复以上两个过程，因此入渗量及产流量会出现增大—减小—增大—稳定的变化趋势。

3.3　黑河上游草地蒸散发过程

利用安装在大野口过渡带草地的自动称重式蒸渗仪，获得将近一年的蒸散发数据，分析不同时期草地蒸散发的日变化规律，以期填补目前黑河上游山区草地蒸散发日变化规律研究的空白。研究成果也可为山区分布式水文模型蒸散发模块的参数化提供理论基础。

研究考虑冻结期、生长前期、生长期和生长后期，划分标准如下（郭淑海等，2015）：日平均气温稳定在 0℃以下的时期为冻结期；冻结期与植物开始返青之间的时期为生长前期；植物开始返青与植物开始枯黄之间的时期为生长期；植物开始枯黄与冻结期之间的时期为生长后期。冻结期的划分依据气象站观测的气温数据；植物开始返青和枯黄时间的确定依据野外站点（中国生态系统研究网络临泽内陆河流域研究站）工作人员长期观察的经验及前人在同一研究区对植物生长期的划分结果（唐振兴等，2012）。最终，4个时期的划分结果如下：冻结期为 2014 年 11 月 9 日～2015 年 3 月 23 日、生长前期为2015 年 3 月 24 日～5 月 19 日、生长期为 2014 年 7 月 9 日～9 月 14 日和 2015 年 5 月20 日～9 月 15 日、生长后期为 2015 年 9 月 16 日～10 月 16 日。

3.3.1　冻结期草地蒸散发的日变化

由图 3.2 可知，生长前期、生长期和生长后期蒸散发的日变化规律大致相似，即蒸散发量从日出后开始持续上升，于午后达到最大值后开始下降，直至日出前又达到最低值。冻结期草地蒸散发呈现出和其他 3 个时期不太一样的日变化规律，蒸散发量在无太阳辐射的时段几乎无变化，其平均值为 0.02 mm/h。相较于无太阳辐射的时段，在有太阳辐射的时段，特别是在 11～16 时，箱形图的箱体下边没有从 0 值开始，表现为箱体的整体抬升（图 3.2）。这个时段的蒸散发量有所增加，其平均值为 0.03 mm/h。

冻结期蒸散发量独特的日变化规律说明冻结期有着不同于其他 3 个时期的蒸散发过程。在冻结期，气温和 0～30 cm 处土壤温度的日平均变化均在 0℃以下（图 3.3），说明在冻结期没有液态水可供蒸发，蒸发过程是直接从水的固体状态变为气体状态的，即冰雪升华过程。冰雪升华发生的先决条件是冰雪能获得足够的用于水的相变转化的能量和

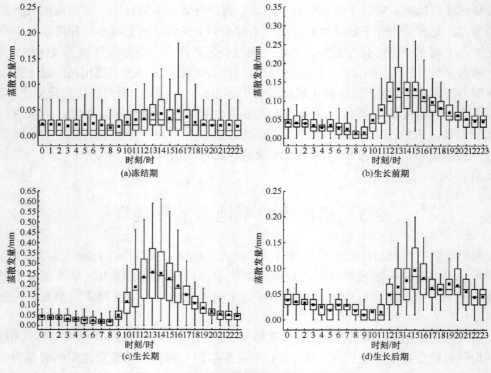

图 3.2　不同时期草地蒸散发日变化箱形图

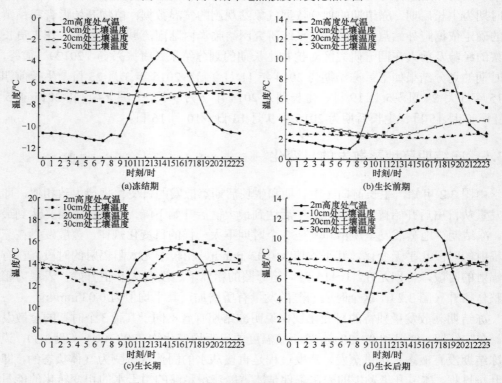

图 3.3　不同时期气温和土壤温度的日平均变化

冰雪面上空的水汽压小于当时温度下的饱和水汽压。11～16 时是冻结期一天中总辐射最大和相对湿度最低的时段（图 3.4），这很好地解释了图 3.2 冻结期的升华量在 11～16时相较其他时段偏大的现象（王忠富等，2016）。

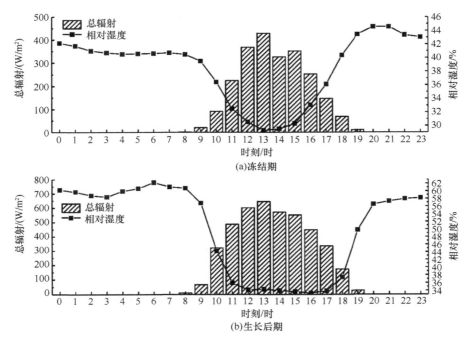

图 3.4　冻结期、生长后期总辐射和相对湿度的日平均变化

3.3.2　生长前期草地蒸散发的日变化

几乎长达 5 个月之久的冻结期结束后即是生长前期（2015 年 3 月 24 日～5 月 19 日）。冻结期和生长前期的降水总量为 56.9 mm，其中降雪为 50.3 mm，冻结期和生长前期的降雪分别占总降雪的 39%和 61%。生长前期的气温和土壤温度的日平均变化均在 0℃以上（图 3.3）；0～30 cm 的土壤水开始解冻，土壤水分迅速增加（图 3.5），且 3～6 月黑河 70%以上的径流补给依靠于季节性融雪（王建和李硕，2005）。因此，生长前期以冰雪消融为主，生长前期的蒸发由融雪蒸发和土壤蒸发两部分组成。一天中蒸发最弱的时刻出现在 8～9 时，最强的时刻出现在 13 时（图 3.2）。

3.3.3　生长期草地蒸散发的日变化

生长期是一年中雨水最充沛的时期，研究时段降水总量的 79%发生在生长期。和其他 3 个时期相比，生长期的气温和土壤温度是最高的（图 3.3）。生长期的雨热同期解释了该期是 4 个时期中蒸散发最旺盛的时期（图 3.2）。生长期的蒸散发由植物蒸腾、雨水截留蒸发和土壤蒸发 3 部分组成，其最大值出现在 14 时，达到 0.61 mm/h。14 时是生长期蒸散发量最大值出现的时刻，但箱子下触须线的值却低至 0.02 mm/h，而相邻时刻

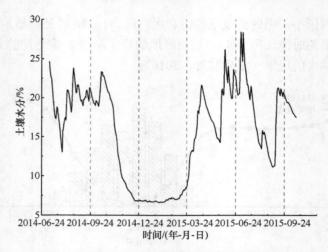

图 3.5　0～30 cm 土壤水分含量逐日变化特征

13 时和 15 时的蒸散发量甚至有零值出现（图 3.2）。生长期蒸散发最旺盛的时刻却出现极端小值是因为生长期经常会有连续几天的降雨事件，受降雨事件的影响，在连续降雨事件前后会出现蒸散发量的极端小值和极端大值。这种现象在生长期的 2014 年 7 月 5～23 日就有被观测到。2014 年 7 月 5～12 日发生了连续多天的降雨事件，降水量为 100.8 mm；7 月 13～19 日无降雨发生；7 月 20～23 日又是连续 4 天的降雨事件，降水量为 40.1 mm。从图 3.6 可得，7 月 13～19 日的蒸散发过程大致可分为 3 个阶段：①雨后的头两天 7 月 13～14 日是植被蒸腾、雨水截留蒸发和土壤蒸发最旺盛的阶段，于 7 月 13 日 13 时蒸散发量达到最大值 0.59 mm/h。②7 月 15～17 日三天总辐射维持在高值，相对湿度处于低值，虽然有着很大的蒸发潜力，但这时截留的雨水可能已经蒸发完，土壤水分含量也在持续下降，所以蒸散发量持续降低。③受限于土壤水分的持续减少、总辐射的降低和相对湿度的升高，7 月 18～19 日两天的蒸散发量继续下降，于 7 月 19 日 15 时蒸散发量达到最低值 0 mm/h。

3.3.4　生长后期草地蒸散发的日变化

植物开始枯黄后便进入了生长后期。生长后期蒸散发的日变化规律和生长前期、生长期的大致相似，但不同于生长前期和生长期蒸散发的日变化呈单峰型，生长后期蒸散发的日变化有 3 个波峰，还分别在 6～7 时和 19～20 时有箱子主体突然抬升，而后再继续降低的现象（图 3.2）。关于生长后期出现这个现象的原因分析如下。

本书的研究生长后期的研究时段为 2015 年 9 月 16 日～10 月 16 日，其中在 9 月 30 日有一次降雪事件，当天的日均气温为–0.7℃，而其他时间的日均气温均在 0℃以上。该时期内降水总量为 17 mm，蒸散发量为 28.71 mm，土壤水分含量持续下降（图 3.5）。综上分析，生长后期的蒸散发是以土壤蒸发为主的，图 3.2 生长后期蒸散发的日变化规律反映了土壤蒸发的特点。

0～5 时，蒸发量持续下降（图 3.2）。在这段时间内，30 cm 处土壤温度＞20 cm 处

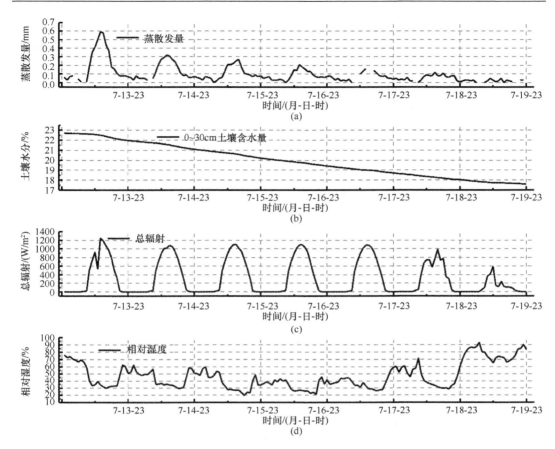

图 3.6　2014 年 7 月 13～19 日蒸散发量、0～30cm 土壤含水量、总辐射和相对湿度逐时变化特征

土壤温度＞10 cm 处土壤温度>空气温度（图 3.3），所以热量从深层土壤向表层土壤和近地表空气传递，其中一部分热量用于土壤水分的蒸发，另一部分热量传递给近地表空气。6～7 时土壤蒸发量的突然增加可能是由于该时段地表开始吸收太阳辐射，近地表气温迅速上升，等于甚至可能超过表层土壤的温度，因此土壤的热量不再需要传递给近地表空气。但由于大气仍有蒸发需求，所以这部分多出来的热量便被用于土壤蒸发，从而使得6～7 时土壤蒸发量突然增大。然而，由于土壤温度还在持续下降（图 3.3），所以 6～7时后土壤蒸发量继续下降，9～10 时是一天中蒸发量最低的时段（图 3.2）。

蒸发量在 15 时达到最大值，16～18 时受限于总辐射的降低、相对湿度的增加，蒸发量相应下降（图 3.2，图 3.4）。在无地表补给时，土壤水分零通量面会出现，由于土壤蒸发一直在进行，表层土水势不断减少，其结果便是土壤水分零通量面的位置不断下移，更深层次的土壤水分开始蒸发（李宝庆等，1987）。由此推断，19～20 时蒸发量的突然增大可能是因为该时段更深层次的土壤水分开始蒸发，而该时段土壤温度同时达到一天中的最大值，所以造成该时段土壤蒸发突然增大。19～20 时后，土壤温度开始下降，蒸发量继续呈现下降趋势（图 3.2，图 3.3）。排除 9 月 30 日降雪事件的影响，10 月 4～16 日是无降水、无融雪的时段，因此可以认为蒸发完全是以土壤蒸发进行的。从图 3.7

可得，相比于 9 月 16～29 日，10 月 4～16 日土壤蒸发日变化 3 个波峰的现象更加明显。9 月 16～29 日的现象不太明显可能是因为这个时段有降雨发生。此外，9 月 16～29 日早期，植物蒸腾也可能还存在，所以土壤蒸发的信号特征被掩盖了。而生长前期和生长期蒸散发的日变化没有出现与生长后期一样 3 个波峰的现象，原因可能如下：①生长前期有融雪的水分可供蒸发，生长期有植物蒸腾从土壤吸收水分、充沛的降雨可供植物截留蒸发，因而土壤蒸发不是这两个时期主导的蒸发过程，所以土壤蒸发的特征分别被生长前期的融雪蒸发、生长期的植物蒸腾和雨水截留蒸发的信号掩盖了。②从图 3.3 可得，生长前期和生长期的土壤温度在 0 时至太阳辐射出现之间的时段并不像生长后期那样一直是深层土壤温度>表层土壤温度，因而无法为第一个波峰的出现提供持续向上传递的热量条件。生长前期和生长期分别有融化的冰雪水和充沛的雨水补给土壤水分，土壤含水量自上而下得到补充，因此土层中不存在零通量面（李宝庆等，1987），无法为更深层次土壤水分的蒸发提供条件，所以第三个波峰没有出现。

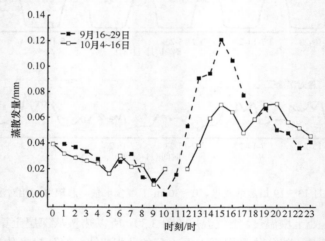

图 3.7　2015 年 9 月 16～29 日和 10 月 4～16 日蒸散发量的日平均变化

3.4　黑河上游地表产流过程

3.4.1　典型草地人工降雨产流特征

地表径流与降雨特性及利用过程密切相关，是生态系统中下垫面对降雨的再分配过程，也是山区水文过程中的重要环节。降雨初期，由于表层土壤的浸润、填洼、植物截留及土壤包气带填充等作用，降雨不会立即入渗并产生径流。即使在降雨强度大于下渗强度、坡面产流以超渗产流为主的情况下，径流也会在降雨发生一定时间段后产生，这一时间段就是产流开始时间。产流开始时间是产流过程中的一个重要参数，是反映坡面产流快慢的重要指标，它与降水特征、土壤水分、下垫面特性等都有一定的关系。

对表 3.2 不同类型草地下人工模拟降雨特征和产流特征进行分析，可以看出，当交错带草地降雨强度由 9.09 mm/h 增加至 32.39 mm/h 时，产流时间相应变短；当降雨强度最大时，在降雨后的 2.13 分钟即开始产流。开始产流时间与降雨强度的相关系数为−0.99（$F<0.05$），而产流时间与土壤初始含水量并无明显的相关关系。通过分析发现，过渡带草地、草原草地和草甸草地开始产流时间和降雨强度的相关系数分别为−0.93、−0.89、−0.80（$F<0.05$），其产流开始时间与降雨强度的关系和交错带草地一致，且同样与土壤初始含水量均无明显的相关关系。这说明在试验设计雨强的范围内，在单一草地类型条件下，土壤初始含水量并不是影响产流速度的主要因素。降雨强度很大程度上决定了开始产流时间，降雨强度越大，开始产流时间越短。这是因为一方面降雨强度越大，填洼及填充包气带的速度越快，产生地表径流的速度越快；另一方面，降雨强度越大，降雨强度大于下渗强度，更容易发生超渗产流，开始产流的时间也越短。因此，黑河上游地区在单一草地类型条件下，开始产流时间的主要决定因素为降雨强度。

通过对不同类型草地的降雨强度-开始产流时间，以及总产流量与降水量的相关关系进行对比分析可知（图 3.8），开始产流时间与降雨强度呈对数关系。总产流量的主要决定因素为降水量，总产流量与降水量呈指数关系。拟合关系式见表 3.4。

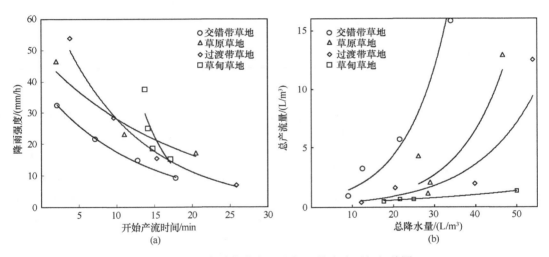

图 3.8　不同类型草地降雨强度-开始产流时间相关图

表 3.4　不同类型草地降雨强度-开始产流时间拟合关系式

草地类型	开始产流时间和降雨强度	R^2	产流量和降水量	R^2
交错带草地	$T=-10.86\ln i+41.16$	0.984	$Q=0.681\mathrm{e}^{0.0057P}$	0.895
过渡带草地	$T=-25.28\ln i+86.68$	0.989	$Q=0.193\mathrm{e}^{0.0050P}$	0.633
草原草地	$T=-12.93\ln i+52.26$	0.996	$Q=0.227\mathrm{e}^{0.0039P}$	0.864
草甸草地	$T=-83.03\ln i+248.32$	0.659	$Q=0.327\mathrm{e}^{0.0016P}$	0.973

为了说明不同典型草地类型在相近降雨特征条件下的产流特征，在降雨强度相近的降雨条件下，分析不同草地类型的人工降雨试验 A2、B2、C1、D1。4 组试验开始产流时间差异明显，具体产流时间表现为草原草地（29.83 分钟）>草甸草地（17.10 分钟）>

过渡带草地（15.27 分钟）>交错带草地（12.80 分钟）。

径流深是指一段时间内降雨产生的径流与产流面积的比例，反映区域产流能力大小。因此，径流深不仅与下垫面有关，还与降雨特征及土壤初始含水量有关。从表 3.2 可以看出，在单一草地类型条件下，径流深随降雨强度及降水量的增大而逐渐增大，这和总产流量与降水量的相关关系是一致的。在降水量相同的条件下，4 组人工降雨试验径流深为交错带草地（0.324 mm）>过渡带草地（0.162 mm）>草原草地（0.114 mm）>草甸草地（0.050 mm）。对典型草地径流深与土壤初始含水量、降雨强度、降水量、开始产流时间分别进行 Pearson 相关性检验，结果见表 3.5。可以看出，4 种草地径流深与降雨强度和降水量均呈显著正相关关系，与开始产流时间呈负相关关系，土壤初始含水量对径流深的作用并无一致规律。

表 3.5　不同草地径流深与土壤初始含水量、降雨强度、降水量及开始产流时间相关系数

草地类型	土壤初始含水量 / （m³/m³）	降雨强度 / （mm/h）	降水量/mm	开始产流时间/min
交错带草地	−0.76	0.97*	0.97*	−0.92
过渡带草地	0.49	0.94	0.85	−0.78
草原草地	0.87	0.99**	0.98*	−0.90
草甸草地	−0.98*	0.96*	0.99**	−0.70

*表示在 0.01 水平上显著相关；**表示在 0.05 水平上显著相关。

杨聪等（2005）在东台沟流域的试验认为，产流能力受降水量、开始产流时间和土壤初始含水量影响，其关系可以用多元线性回归方程描述。对黑河上游典型草地的径流深及其影响因子进行线性回归，由于本次试验单一典型草地开始产流时间主要受降雨影响，开始产流时间作为自变量考虑时，参数矩阵为奇异矩阵，线性回归无实际意义。因此，综合所有草地类型，将径流深（a）和降雨强度（i）、降水量（P）、土壤初始含水量（W）和开始产流时间（T）进行回归分析后，得到下述经验关系式［虽然结果显示径流深（a）与降水量（P）呈微弱的负相关，但此为经验关系式，不一定具备物理意义］：

$$a = 0.054i - 1.374W - 0.074P - 0.014T + 0.756 \quad (R=0.767) \tag{3.1}$$

3.4.2　典型草地人工降雨产流过程

产流过程是降雨水分在下垫面垂向运行中多种因素综合作用下的发展过程，也是流域下垫面对降雨的再分配过程，与降雨强度、降雨历时、下垫面条件（地表及包气带）等因素密切相关。不同类型草地降雨产流过程如图 3.9 所示。通过分析不同草地不同降雨强度条件下的产流过程，可以 30 mm/h 的降雨强度为界，将人工降雨试验下的产流过程分为两部分。当降雨强度小于 30 mm/h 时，4 种草地类型产流过程相近，不同降雨强度条件下产流量均随降雨历时的增加而增大，并且在开始产流后 5~10 分钟内迅速增加，随后增加幅度逐渐变缓，产流量略微增大，在开始产流后 10~20 分钟内基本趋于稳定。产流量随降雨过程呈现这种趋势的主要原因如下：①在降雨强度较小的条件下，降雨初期土壤表层处于缺水状态，降雨降落到地面的水分经植被截留、添洼及下渗补充包气带

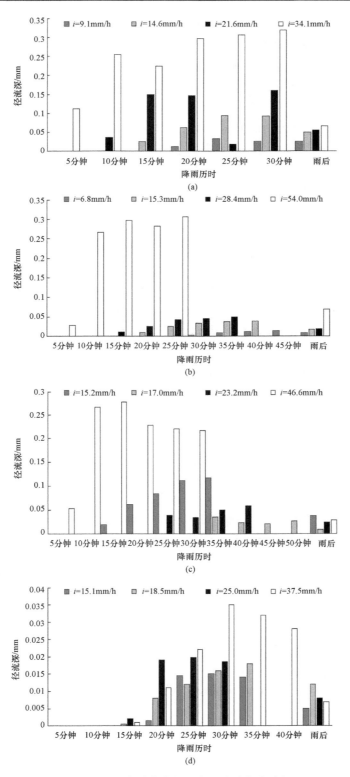

图 3.9　不同类型草地人工降雨试验产流过程

的水分亏缺，因此降雨初期不产流；②随着降雨的持续发生，植被截留及添洼达到极值，土壤表层含水量逐渐增大，下渗强度随之减小，此时满足下渗强度外的降雨将形成地表径流；③在降雨过程中，降落到地面上的雨水会对地表土壤产生冲刷和打击作用。冲刷能够促进小颗粒物质填充土壤孔隙，而打击使得土壤结构更加密实，表层土壤入渗能力因此减小，这更加促进了径流的产生。这也是为什么产流开始 5~10 分钟后产流量迅速增加的原因所在。产流开始 10~20 分钟后，表层土壤结构及含水量基本稳定，降雨落地后除入渗外全部形成径流。在降雨强度稳定的条件下，产流量也趋于稳定。

当降雨强度大于 30 mm/h 时，不同类型草地降雨产流过程略有不同。如图 3.9 所示，交错带草地、过渡带草地及草原草地产流量在降雨初期迅速增大，但在降雨一定时间后并没有达到稳定而是略微下降或者下降后再上升达到稳定。其中，交错带草地降雨强度为 34.1 mm/h 时，降雨开始后迅速产流，降雨持续 5 分钟时径流深已接近最大径流深，10 分钟后产流量达到最大值随后减小，至 20 分钟后产流量再次增大并达到稳定状态。过渡带草地同交错带草地产流过程径流量的变化趋势比较接近，均呈现出降雨初期立即产流，降雨持续一定时间后产流量达到最大值，随后略为减小又上升，最后达到稳定的变化过程。草原草地降雨初期产流过程与上述两类草地类似。不同的是，草原草地产流量在 15 分钟达到最大值后略微减小并达到稳定，其间无再次增大现象。草甸草地的产流时间与降雨强度无明显相关关系，不同降雨强度条件下开始产流时间均集中在 15~20 分钟。其中，降雨强度为 37.5 min/h 时产流过程同草甸草地相似，也表现出先增大再减小然后达到稳定的过程。

参 考 文 献

郭淑海, 杨国靖, 李清峰, 等. 2015. 新疆阿克苏河上游高寒草甸蒸散发观测与估算. 冰川冻土, 37(1): 241-248.

李宝庆, 杨克定, 张道帅. 1987. 用实测土壤水势值推求土壤蒸发量. 水利学报, (3): 33-38.

卢玲, 李新, 程国栋, 等. 2001. 黑河流域景观结构分析. 生态学报, 21(8): 1217-1224.

唐振兴, 何志斌, 刘鹄. 2012. 祁连山中段林草交错带土壤水热特征及其对气象要素的响应. 生态学报, 32(4): 1056-1065.

王建, 李硕. 2005. 气候变化对中国内陆干旱区山区融雪径流的影响. 中国科学, 35(7): 664-670.

王忠富, 张兰慧, 王一博, 等. 2016. 黑河上游排露沟流域不同时期草地蒸散发的日变化规律研究. 应用生态学报, 27(11): 3495-3504.

杨聪, 于静洁, 刘昌明, 等. 2005. 华北山区坡地产流规律试验研究. 地理学报, 60(6): 1021-1028.

赵西宁, 吴发启. 2004. 土壤水分入渗的研究进展和评述. 西北林学院学报, 19(1): 42-45.

Green W H, Ampt G A. 1911. Studies on soil physics, flow of air and water through soils. Journal of Agricultural Science, 76(4): 1-24.

Power W L. 1934. Soil-water movement as affected by confined air. Journal of Agricultural Research, (49): 1125-1134.

第4章 黑河上游土壤水文要素空间分布特征

黑河流域地处中国西北干旱半干旱区，降水量少，蒸发量大，属水资源严重匮乏地区。黑河上游是整个黑河流域的产流区，出山径流量的大小决定了中游绿洲和下游荒漠的可用水量。近年来，黑河上游生态环境持续恶化，已严重影响其涵养水源等生态功能的发挥（吴维臻等，2013）。由于受到地形、母质、生物、气候等自然因素和人为活动的综合作用，土壤类型有明显的区域性和地带性差异，与其相对应的土壤水文物理特征差异也比较大。本章从3个方面着手，首先采用 CA-Markov（celluar automata-Markov）模型，模拟黑河上游 1990～2009 年的土地利用/覆被类型的逐年变化情况，分析土地利用变化的动态特征；随后概述了黑河上游土壤质地的研究方法和目前的研究进展；最后介绍了土壤有机质的空间分布情况。

4.1 黑河上游土地利用/覆被变化模拟及分析

由于采用遥感影像解译来获取逐年土地利用数据费时费力，本节采用发展和应用都较成熟且具有较强空间性的 CA-Markov 模型（Ramezani and Jafari，2014；Rendana et al.，2015；张利等，2015）来模拟土地利用/覆被变化，进而分析 1990～2009 年黑河上游土地利用/覆被类型的逐年变化情况。

1. CA-Markov 模型

Markov 模型是基于 Markov 过程理论而形成的（Rendana et al.，2015），利用状态之间的转移概率矩阵来预测事件的发生状态及发展变化趋势。Markov 模型应用的前提条件是事件过程有无后效性特征（Rendana et al.，2015）。因而，土地利用动态演变过程在一定条件下具有 Markov 过程的性质，具体体现如下：①一定区域内不同土地利用类型之间可能会相互转化；②土地利用类型之间相互转化的过程包含着许多难以用数学函数关系准确描述的事件。研究表明，土地利用格局的动态演变受到很多不确定因素的共同影响，这种变化是一种随机的变化过程（Li and Zhou，2015；Chen et al.，2015；Yang et al.，2015）。因此，采用 Markov 模型来研究土地利用/覆被变化具有一定的可行性。其中，土地利用/覆被类型对应 Markov 模型过程中的可能状态（possibility），土地利用/覆被类型相互转化的面积或比例是状态转移概率，计算公式如式（4.1）所示（Rendana et al.，2015；Li and Zhou，2015）：

$$T_{t+1} = C_{ij} \times T_t \tag{4.1}$$

式中，T_{t+1}、T_t 分别为 t、$t+1$ 时刻系统的状态；C_{ij} 则为系统的转移概率。

元胞自动机（celluar automata，CA）是一种具有时空计算特征的动力学模型。该模型的特点是时间、空间和状态均为离散的，每个变量的状态是有限的，且状态的改变规则在时间、空间上都表现为局部特征（Rendana et al.，2015；Li and Zhou，2015）。CA 模型可用式（4.2）表示：

$$T_{t+1} = R(T_t, N) \tag{4.2}$$

式中，T 为元胞有限、离散的状态集合；t、$t+1$ 为不同时刻；N 为元胞的邻域；R 为局部空间的元胞转化规则。

Markov 模型与 CA 模型均是离散动态模型。Markov 模型通过使用状态之间的转移概率矩阵，预测事件的状态和发展趋势，未来系统的状态完全只取决于当前的状态，但这种方法并没有表现空间的变化（Li and Zhou，2015；Chen et al.，2015；Yang et al.，2015）。虽然 Markov 模型可用于研究土地利用/覆被的变化趋势并预测其面积，但是 Markov 模型主要预测数量上的变化而无法预知相关的空间分布。CA 模型则具有空间预测能力。综合考虑 CA 模型在空间变化预测上的优势和 Markov 模型在时间变化预测上的优势，CA-Markov 模型能够有效预测土地利用/覆被的时空变化，具有较强的科学性和实践性（Nouri and Jafari，2014；Ramezani and Jafari，2014；Chen et al.，2015；Yang et al.，2015）。

1990～2009 年黑河上游土地利用变化的模拟步骤具体如下（金鑫，2016）。

（1）选取该区域 1980 年夏季 Landsat MSS（multispectral scanner）影像和 1990 年、2000 年夏季 Landsat TM（thematic mapper）影像进行分析。上述影像均由黑河计划数据管理中心（http://westdc.westgis.ac.cn）提供。本书的研究以 1∶50000 地形图为基准，选择阿尔伯（Albers）投影，采用二次多项式纠正方法对上述影像进行几何纠正。实地勘察验证表明，三期数据定性准确率均超过 95%。综合考虑《中国土地利用分类系统》和 SWAT 水文模型中的土地利用类型分类，将土地利用类型分为耕地、林地、草地、水域、居民用地和裸地。在此基础上，利用 3 个时期土地利用现状图和野外实地勘测资料，建立研究区的解译标志；进而应用 ArcGIS10.0 和 ENVI5.1 软件，采用人机交互的监督分类方法进行遥感影像解译。

（2）以"土地适宜性"作为转化准则，对每一个土地利用单元的地理位置、自然条件及交通状况等进行空间分析，不同土地利用类型之间的转化方向和数量与这些因子之间的相关程度决定了其内在适宜性的大小，从而建立 CA 的转换规则。

（3）利用 ArcGIS10.0 软件，将上述三期土地利用矢量图转换为栅格图，并通过重采样的方法将各栅格数据的空间分辨率统一为 30 m×30 m。然后，通过 IDRISI 软件的 Markov 模块，模拟确定 1980～1990 年和 1990～2000 年土地利用类型转移概率矩阵、转移面积矩阵，并生成土地利用景观格局转移概率矩阵。

（4）基于上述数据，使用 CA 滤波器创建有明显空间意义的权重因子，并根据与栅格单元相邻的栅格单元改变该栅格单元的状态；确定循环次数，通常循环次数与预测年数相等或为预测年数的倍数；确定模拟起始时间（1991～2000 及 2001～2009 年），进行

1991～2009 年各年土地利用变化的预测、模拟。最后，以 Kappa 系数为验证因子，利用黑河计划数据管理中心提供的黑河上游 1995 年、2000 年、2005 年土地利用数据进行模拟结果的验证。

2. 土地利用动态度

土地利用动态度作为分析土地利用变化最重要的指标，表征某研究区一定时间范围内某种土地利用类型的数量变化情况，反映了土地利用变化的数量变化。土地利用动态度正值表示该土地利用类型面积增加，负值则表示减少。其计算公式如式（4.3）所示：

$$K = \frac{U_b - U_a}{U_a} \times \frac{1}{T} \times 100\%　　　　　　　（4.3）$$

式中，K 为研究时段内某一土地利用类型动态度；U_a、U_b 分别为研究期初及研究期末某一种土地利用类型的数量；T 为研究时段长。当 T 的时段设定为年时，K 的值就是该研究区某种土地利用类型年变化率。

3. 模拟结果验证

本章采用 Kappa 系数和 χ^2 检验进行土地利用/覆被模拟结果的验证。其中，Kappa 系数的计算公式为

$$\text{Kappa} = \frac{p_0 - p_c}{1 - p_c}　　　　　　　（4.4）$$

其中，

$$p_0 = \frac{s}{n}　　　　　　　（4.5）$$

$$p_c = \frac{a_1 \times b_1 + a_0 \times b_0}{n \times n}　　　　　　　（4.6）$$

式中，n 为栅格总像元数；a_1 为真实栅格为 1 的像元数；a_0 为真实栅格为 0 的像元数；b_1 为模拟栅格为 1 的像元数；b_0 为模拟栅格为 0 的像元数，两个栅格对应像元值相等的像元数为 s。

Kappa 系数的计算结果范围通常为[0, 1]，可分为 5 组来表示不同级别的一致性。0～0.20 为极低一致性、0.21～0.40 为一般一致性、0.41～0.60 为中等一致性、0.61～0.80 为高度一致性和 0.81～1 为几乎完全一致。χ^2 统计分析检验用以检验多个率（或构成比）之间差异是否具有显著性（金鑫，2016）。

4. 土地利用/覆被变化特征

利用土地利用解译图对 CA-Markov 模型模拟结果进行验证，1995 年、2000 年和 2005 年，kappa 系数分别达到 0.92、0.93 和 0.93，χ^2 值分别为 0.21、0.01 和 0.39（金鑫，2016）。

查表得到 χ^2（0.05）值为 11.0，因此模拟图与仿真图吻合度高，差异不大，说明在黑河上游利用 Markov 过程来预测和模拟土地利用/覆被变化是可行的（郭笃发，2006；付春雷等，2009）。由模拟结果可知，黑河上游主要土地利用/覆被类型是林地、草地和裸地。

黑河上游土地利用动态度见表 4.1。由于人口增长、城镇化加快等因素，耕地和城镇面积在近 20 年间呈增加趋势；而由于气候变化等因素，水域呈减少趋势。2001 年之前，由于人类片面追求经济发展，由此导致的乱砍滥伐、过度放牧等生态破坏活动屡禁不止，林牧矛盾突出，造成草地退化、裸地面积增加。同时，草场不断向林地推进使得林地面积减少而草地面积增加。2001 年，国务院批复了《黑河流域近期治理规划》，同时实施了肃南县生态建设工程及祁连山天然林保护工程。一系列的措施使得林地和草地在 2001 年之后呈增加趋势；裸地在 2001 年之后呈减少趋势。对近 20 年间黑河上游的土地利用数据进行空间叠加分析可知，1990～2001 年，研究区内主要是林地向草地的转化和草地向裸地的转化两类；而 2002～2009 年，研究区内主要是裸地、草地向林地的转化，以及裸地向草地的转化。

表 4.1　黑河上游土地利用动态度

年份	耕地/%	林地/%	草地/%	水域/%	城镇/%	裸地/%
1990～1991	0.12	−1.01	0.42	−3.04	0.80	0.31
1991～1992	0.06	−0.94	0.34	−0.94	0.59	0.17
1992～1993	0.18	−1.12	0.29	−5.39	0.69	0.94
1993～1994	0.09	−0.72	0.44	0.02	1.17	−0.36
1994～1995	0.15	−0.93	0.49	−5.93	0.58	0.28
1995～1996	0.18	−1.30	0.35	−0.84	0.48	0.40
1996～1997	0.06	−0.98	0.38	−2.37	0.57	0.19
1997～1998	0.09	−1.28	0.49	−4.93	0.86	0.40
1998～1999	0.15	−0.99	0.54	−7.81	0.85	0.26
1999～2000	0.12	−1.41	0.41	−4.13	1.12	0.55
2000～2001	0.15	−1.22	0.44	−5.71	0.65	0.39
2001～2002	0.15	0.53	0.21	−0.69	10.25	−0.93
2002～2003	0.24	0.86	0.23	−0.61	1.17	−1.21
2003～2004	1.54	1.06	0.26	−0.80	9.76	−1.52
2004～2005	4.55	0.93	0.27	−0.50	0.67	−1.50
2005～2006	3.48	0.77	0.29	−0.55	0.37	−1.42
2006～2007	3.36	0.82	0.36	−0.53	0.89	−1.66
2007～2008	4.06	0.96	0.34	−0.63	7.91	−1.82
2008～2009	0.20	0.99	0.36	−0.03	0.54	−1.90

4.2　土壤质地的空间异质性

土壤质地指的是土壤中直径大小不同的矿物颗粒的组合状况，具体由其砂土、壤土（loam）和黏土的百分比含量所决定。土壤质地是土壤的物理性质之一，对土壤孔隙度、导水率等土壤物理性质有着重要的影响（Cosby et al.，1984），从而对水文过程产生重要影响（Knoop and Walker，1985；Fernandez-Illesca et al.，2001）。土壤质地的空间分布信息对水文模型模拟、生态过程研究、作物生长及土地管理等都有重大意义（高艳红等，2007；Chien et al.，1997）。

4.2.1　类型划分

20 世纪 50 年代，中国开始采用苏联的卡庆斯基制（Katschinski）（卡庆斯基，1964）。1975 年，中国拟定了相应的粒级划分标准，与卡庆斯基制近似。70 年代后期，中国引入了国际土壤联合会的国际制（International Society of Soil Science，ISSS）（Barenet et al.，2000），并得到了广泛使用。90 年代，美国制（United States Department of Agriculture，1999）粒级划分在中国得到应用，并逐渐成为主流（中国科学院南京土壤研究所和中国科学院西北水土保持生物土壤研究所，1975）。FAO 制（FAO-Unesco soil map of the world 1：5000000，1974）是由联合国粮食及农业组织（FAO）、教科文组织与国际土壤学会（现为国际土壤科学联合会）合作，从 60 年代初期即着手准备，于 1974 年正式制定出版了为制图服务的土壤分类系统。

第一，国际制。根据黏粒含量将土壤质地分为 3 类，即黏粒含量小于 15%为砂土类、壤土类，黏粒含量 15%～25%为黏壤土类，黏粒含量大于 25%为黏土类。根据粉砂粒含量，凡粉粒含量大于 45%的，在质地名称前冠"粉砂质"。根据砂粒含量，凡砂粒含量大于 55%的，在质地名称前冠"砂质"。国际制的质地分类标准如图 4.1 所示。

图 4.1　国际土壤质地类型分类三角图

第二，美国制。美国制土壤分类（United States Department of Agriculture，1999）标准是 1975 年制定的，根据矿物颗粒的个体大小共分为 8 级，分别为极粗砂（1～2 mm）、粗砂（0.5~1 mm）、中砂（0.25~0.5 mm）、细砂（0.10~0.25 mm）、极细砂（0.05~0.10 mm）、粗粉粒（0.02~0.05 mm）、细粉粒（0.002~0.02 mm）和黏粒（小于 0.002 mm）。美国农业部（United States Department of Agriculture，USDA）通过实验室分析土样，从而对颗粒进行分组的依据为砂粒（sand，0.05~2.0 mm）、粉粒（silt，0.002~0.05 mm）和黏粒（clay，小于 0.002 mm）。USDA 土壤类型的分类标准如图 4.2 所示。

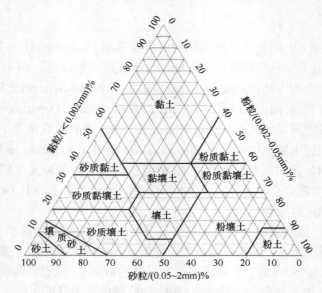

图 4.2　美国 USDA 土壤质地分类三角图

　　第三，FAO 制。该标准是由国际土壤科学联合会（IUSS）在 1960 年于美国威斯康星州麦迪逊举行的第七届大会上发布的。随后，FAO 和联合国教科文组织于 1961 年决定以 1：5000000 的规模编制"世界土壤图"。图例单元虽非土壤分类单元，但相当于一个不完全的土壤分类制。在制订图例单元时，采用了诊断层和诊断特性的概念，其基本内容均取自美国土壤系统分类（吕贻忠和李保国，2008）。据 1988 年修订版，联合国土壤图图例单元分为三级。一级土壤单元由 1974 年的 26 个增为 28 个，大致相当于美国、俄罗斯土壤分类中的大土类；二级土壤单元由 1974 年的 105 个增加到 153 个，相当于亚类；三级单元则扩展了土相的内容（图 4.3）。

　　在上述 3 个质地分类图中，等边三角形的 3 个边分别表示砂粒、粉粒、黏粒的含量。根据土壤中砂粒、粉粒、黏粒的含量，在图中查出其点位再分别对应其底边作平行线，三条平行线的交点得到该点的机械组成。国际制与美国制、FAO 制的砂粒、粉粒之间的划分界限是不同的，国际制是 0.02 mm，美国制和 FAO 制则是 0.05 mm。FAO 制与美国制的关系如下：粗质地是黏粒少于 18%且砂粒大于 65%，包括砂土、壤砂土（loamy sand）、砂壤土（sandy loam）的全部或一部分；中质地包括砂壤土、壤土、砂黏壤土、粉砂壤土、粉砂土、粉砂黏壤土和黏壤土的全部或一部分，其黏粒含量少于 35%，砂粒含量少于 65%，如果黏粒含量出现最小值 18%，可能出现的砂粒含量最高值是 82%；细质地包括黏土、粉砂黏土、砂黏土、黏壤土和粉砂黏壤土的部分或一部分，黏粒含量超过 35%。

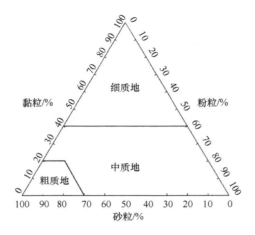

图 4.3　FAO 类型划分三角图

4.2.2　黑河上游土壤质地研究

黑河流域土壤质地研究开展的相对较晚。USDA 作为全球最通用的土壤类型分类标准，在流域尺度开展相关研究是至关重要的（张时煌等，2004）。2007 年以前，黑河流域仅有中国土壤系统分类的信息，缺乏根据 USDA 划分标准的土壤质地数据（高艳红等，2007）。2007 年以后，关于土壤质地分类的研究逐步展开。但这些研究大多基于其他的土壤分类系统，通过野外采样，利用已知的土壤分类系统结合气象、环境等因子，建立其与 USDA 土壤质地类型的转换关系（高艳红等，2007；刘超等，2011）。专门进行 USDA 土壤质地类型分类的研究几乎没有。

目前，黑河流域的土壤质地研究取得了一定进展，有以下几种土壤质地数据集。黑河计划数据管理中心发布的黑河流域土壤质地数据（彩图 7）（刘超等，2011），空间分辨率为 1 km×1 km，分类采用 USDA 标准，投影为 WGS84。黑河流域土壤质地数据集（FAO et al.，2009）是基于 FAO 和维也纳国际应用分析系统研究所（IIASA）联合发布的协调世界土壤数据集（harmonized world soil database，HWSD）而产生的。该数据集分辨率为 1 km×1 km，分类采取 FAO-90 标准，投影为 WGS84（http://westdc.westgis.ac.cn）。此外，黑河流域生态-水文综合地图集中的黑河流域土壤质地图是由王建华等（2013）提供的，是图集陆地表层篇中的一幅，比例尺为 1∶2500000。黑河上游数字土壤制图产品中也包括土壤质地数据集。该数据集是由史文娇等（2016）基于土壤表层深度 0～20cm 的机械组成数据，采用最优的土壤成分数据空间预测制图方法，制作而成的土壤质地（粒径组成）空间分布数据产品。土壤粒级划分标准采用美国制分类法。

基于 USDA 分类标准，当前研究表明，黑河上游地区土壤类型主要为壤土、壤砂土、砂质黏壤土（sandy clay loam）、砂壤土、粉土（silt）、粉壤土（silt loam）及粉质黏壤土（silty clay loam）。其中，粉壤土及壤土是上游最主要的两种类型。

4.2.3　土壤质地空间分布拓展方法

通常，野外采样只能提供点尺度的土壤质地数据（Webster，1985）。由于黑河流域地形复杂，受限于采样耗费的人力物力等因素，通过采样获取大区域的土壤质地数据十分困难（Du et al.，2014）。随着遥感技术的发展，通过遥感图像获取土壤质地数据的研究越来越多（Al-Abbas et al.，1972；Suliman and Post，1988；Zhang et al.，1992；Sullivan et al.，2005；Liao et al.，2013），然而遥感方法需要建立遥感图像与地面实测土壤质地的关系，所以其仍处于试验阶段（Li，2004）。当前，在流域尺度上进行土样采集及分析，进而使用统计方法进行尺度拓展来获取土壤质地空间分布仍是通用的方法和手段（Oberthuer et al.，1999）。

过去几十年里，大量的统计方法被应用于土壤质地的拓展研究（Gobin et al.，2001；Meul and Meirvenne，2003；Zhao et al.，2009；Ließ et al.，2012；Adhikari et al.，2009），其大体可分为 4 类：第一类是基于克里金（Kriging）理论的地统计方法，如协同克里金（Co-Kriging）、普通克里金（ordinary Kriging）、泛克里金（universal Kriging）、回归克里金（regression-Kriging）等（McBratney et al.，2000，2003；Wackernagel，1994；Goovaerts，1997；Boucneau et al.，1998；Odeh and McBratney，2000；Bishop and McBratney，2001；Ersahin，2003；McBratney et al.，2003；Meul and Meirrvenne，2003；Liao et al.，2013；Zhang et al.，2013）。其中，普通克里金是其中一种应用最广泛且效果最好的无偏估计方法之一（Journel and Huijbregts，1978；Isaaks and Srivastava，1989）。

第二类方法是数学统计方法，如广义加性模型（generalised additive model）、回归树方法（regression tree）和多元线性回归方法（multiple linear regression）（Bishop and McBratney，2001），以及一些多元统计方法（Yost et al.，1982）。Bishop 和 McBratney（2001）在澳大利亚一块干旱的农田上对比分析几种典型统计方法（广义加性模型、回归树方法和多元线性回归方法）和地统计方法（普通克里金、回归克里金和带有外部漂移的克里金法），发现带有外部漂移的克里金法、多元线性回归方法和广义加性模型表现较好。

第一类和第二类方法均为线性方法，其计算结果在空间分布上呈现出相对平滑的分布趋势。然而，土壤质地相对离散，导致在大尺度上对土壤质地的空间分布进行拟合时，线性方法拟合效果较差且不确定性较强（Carle and Fogg，1997；Delbari et al.，2011）。针对前两类方法的缺点，第三类方法将一些较为复杂的统计学方法结合地理学特征进行计算，通常为非线性方法。d'Or 等（2001）在一块 160 m×160 m 的地区比较了贝叶斯最大熵（Bayesian maximum entropy）和简单克里金方法，结果表明，贝叶斯最大熵方法的结果更加精确。蒙特卡罗顺序模拟算法（Markov chain sequential simulation，MCSS）最早是由 Li（2007a）等提出，相比于克里金模拟算法，它能够提供更加精确的空间分布预测。同时，MCSS 方法体现出了更小的空间不确定性、更复杂多变的空间类型分布，尤其是对于面积较小的土壤类型有着非常好的模拟效果（Li，2007b）。伴随着计算机技术的飞速发展，一些数据挖掘方法也被应用于土壤质地拓展（Hahn and Gloaguen，2008）。这些方法虽然体现出了不错的拟合效果，但不能很好地解释其物理机理。

总的来说，非线性方法通常对土壤质地空间分布的拟合效果较好。这是由于土壤质地并不是独立的分布属性，常与许多环境因素有关（Zhang et al.，2013；Adhikari et al.，2009）。山区地形复杂，增大了相关研究的困难，所以目前的研究集中在小区域上进行方法的对比和验证，在山区进行大区域尺度的研究则少之又少（Zhao et al.，2009）。

4.3　土壤有机质的空间分布

土壤有机质（soil organic matter content，SOC）是土壤的重要组成成分，是评价土壤质量的重要因子。土壤有机质被认为是影响土壤持水性的主要因素之一，其通过改变土壤构造和容重及土壤对水的吸附作用而影响土壤含水量，其能够增加土壤的蓄水和保水能力（连纲等，2006）。土壤有机质对土壤含水量的影响程度取决于土壤中有机质含量（Saxton and Rawls，2006；Liu et al.，2012）。在干旱半干旱地区，揭示土壤有机质的空间变异规律是实现土壤可持续利用和区域可持续发展的前提（黄元仿等，2004；桑以琳，2005）。

4.3.1　土壤有机质采样及实验分析

在研究区内，充分考虑不同植被要素（林地、灌木、草地、裸土等）与地形要素（河流、戈壁、沙地等）的影响，排除人为因素干扰严重及难以实现采样的冰川、裸岩覆盖区域，均匀地布置采样点，共计 181 个（彩图 8）。其中，随机点 159 个，定位加密点 22 个。定位加密点除在对应坐标处取样以外，在周围大约 3km 距离设置两个随机样点取样，加大取样密度，以获取更丰富的土壤信息，共计获得表层土样 225 个。于 2012 年 8 月在黑河上游进行野外采样，采样深度为 0～15 cm，采得的土样经自封袋封装后带回实验室，经室内风干、碾磨、过 2 mm 筛后进行测定（张沛，2015）。

本书的研究采用重铬酸钾容量法-外加热法测定土壤有机碳含量。与干烧法相比，重铬酸钾容量法-外加热法只能氧化土样中 90%的有机碳。因而，测得的结果乘以 1.1 的校正系数得到土样有机碳含量，进而用土壤有机碳含量乘以换算系数 1.724 得到土壤有机质含量（鲍士旦，2000；Palaciosorueta and Ustin，1998）。计算过程如式（4.7）～式 4.8 所示：

$$SOM = 5c \times (V_0 - V) \times 3 \times 1.1 / (V_0 \times m) \qquad (4.7)$$

$$SOC = SMO \times 1.724 \qquad (4.8)$$

式中，SOM 为土壤有机碳含量（g/kg）；SOC 为土壤有机质含量（g/kg）；c 为重铬酸钾标准溶液的浓度（0.8 mol/L）；V_0 为空白滴定用去的 $FeSO_4$ 体积（mL）；V 为样品滴定用去的 $FeSO_4$ 体积（mL）；m 为风干土样质量（g）。

4.3.2　尺度拓展方法

基于经典统计学方法与地统计学方法，对点尺度土壤有机质数据进行尺度拓展，分析黑河上游土壤有机质的空间分布特征。拓展方法具体如下。

（1）经典统计学方法。经典统计学认为，样点间的土壤属性实测值与两者空间位置关系无关，在空间上独立。该方法用变异系数（coefficient of variation，CV）来描述土壤变异性强弱,按其大小分为强变异(>100%)、中等变异(10%~100%)和弱变异(<10%)3类(雷志栋等,1985)。变异系数的计算如式(4.9)所示:

$$CV = 100 \cdot \frac{\sigma}{u} \tag{4.9}$$

式中,CV 为变异系数;σ 为标准差;u 为样本均值。经典统计学方法未考虑采样时各样点的空间自相关性,对土壤属性的空间结构分析尚有不足,需结合其他方法进一步探讨。

(2)地统计学方法。地统计学方法以区域化变量为基本研究单位,在区域化变量满足二阶平稳假设及本征假设的前提下,对未采样点进行无偏估值。半变异函数作为该方法的重要工具,按式(4.10)计算:

$$\gamma(h) = \frac{1}{2N(h)} \sum_{i=1}^{N} [Z(x_i+h) - Z(x_i)]^2 \tag{4.10}$$

式中,h 为滞后距离,单位为 m;$N(h)$ 为间距为 h 的样本对数;$Z(x_i+h)$、$Z(x_i)$ 为空间位置;x_i+h、x_i 为对应的实测值。

本书的研究基于野外实测土壤属性的空间值,利用采样点及其变异函数 $\gamma(h)$ 的计算值,得到属性的空间变异函数,进而通过地统计学提供的理论模型进行拟合,得到土壤属性的空间分布模型。半方差函数的理论模型中,通常利用块金值(nugget,C_0)、基台值(sill,C_0+C)及变程(range)来描述其空间分布结构。块金效应指滞后距离 h 为 0时的变异函数值,表示区域化变量在最小采样尺度下的局部变异程度。基台值指变异函数所达到的最大值,表示区域化变量的总体变异程度。该值越大,则相应属性总体的空间变异程度越大,测量误差也大。变程是半方差函数曲线达到基台值时的样点间的间距,描述了变量具有空间关联的范围,超出该范围,变量则不再具有空间相关关系。空间相关度 $C_0/(C_0+C)$ 则表示空间异质性占据系统总变异的百分比及系统变量的空间相关程度(王政权,1999;李敏等,2009;郭丽俊等,2011a;张忠启等,2012)。

基于经典统计学结果进行尺度拓展可得,研究区土壤有机质为中等变异(介于10%~100%),空间变异性较强(表4.2)。由于地统计分析要求相应属性服从正态分布,本书的研究对研究区域土壤有机质进行正态检验后,进行对数正态转化,再进行克里金插值预测。本书的研究采用普通克里金插值法计算土壤有机质的半方差函数,分别使用指数函数模型、高斯函数模型、球面函数模型、稳定函数模型,以及 K-Bessel 函数模型进行拟合。半方差函数选择最优模型拟合时,根据预测误差中的标准平均值(最接近于0)、均方根预测误差(最小)、平均标准误差(最接近于均方根预测误差)、标准均方根(最接近于1)来确定(张慧等,2013)。根据上述筛选标准确定最优模型(张慧等,2013;张沛等,2015)。

表 4.2　土壤有机质的统计特征值

属性	样本数	平均值	最大值	最小值	标准差	方差	变异系数
有机质	181	42.96	142.63	68.00	31.89	1017.19	0.742

资料来源:张沛,2015。

如表 4.3 所示，土壤有机质的半方差函数最适用模型为高斯函数模型。属性对应模型的块金值都大于零，表明 SOC 在空间中的分布因采样误差、短距离变异、随机和固有变异而存在正基底效应（姚荣江等，2006；刘继龙等，2006）。其最优模型的块基比介于 0.25~0.75，表明土壤有机质在黑河上游的空间变异由内在因素（土壤质地、地形因素、土壤植被类型与土壤类型等）与外在因素（人为因素）协同作用所导致（郭丽俊等，2011a，2011b）。土壤有机质的半方差函数模型中变程参数较大（35.67 km），表明本研究区域中样点间的土壤有机质数据相关性较强。

表 4.3　黑河上游土壤有机质的最优半方差函数模型参数

属性	理论模型	块金值	基台值	变程/km	块基比
有机质	高斯函数模型	0.42	0.79	35.67	0.53

资料来源：张沛，2015。

4.3.3　有机质空间分布特征

利用 ArcGIS10.2 对黑河上游土壤有机质数据进行克里金插值后，得到预测图及不同植被覆盖类型、地形、土壤类型等因素叠加影像，如彩图 9（a）所示。在草地、林地覆盖占较大比例的区域，土壤有机质明显较高。尤其是高覆盖度草地占较大比例的区域，土壤有机质明显高于其他地区。与其他覆盖类型相比，在河渠、裸岩石砾覆盖占较大比例的区域，土壤有机质明显较低。依据经度线将黑河上游划分为西（99.0°E 左侧）、中（99.0°~100.0°E）、东（100.0°E 右侧）3 个区域。经实地调查考证发现，黑河上游西部地域中多裸岩石砾，土壤有机质明显较低。该区域多高山、峡谷，以放牧业为主，较少为农业种植，存在一定的荒漠化现象，土壤贫瘠。中部地区多为高覆盖的高山林场及高原草甸，人类活动较少，区域中裸石砾夹杂，不适宜农业生产。但是，非石砾覆盖区域的土质松软而肥沃，适宜林木的培育，所以这一区域的土壤表层有大量腐殖质，土壤有机质较高。东部地区多农业种植区域与高覆盖度草地，人类活动较频繁，土壤耕作历史由来已久，土壤经施肥等措施，肥力较好，土壤有机质含量高。

黑河上游海拔高差大，植被及气象要素的垂直带分布明显（潘启民，2001），导致土壤有机质也在一定程度上表现出随高程变化而变化。如彩图 9（b）所示，黑河上游中东部区域低海拔处，植被覆盖度较低，土壤有机质含量也相应较低；高海拔处，一般分布为高覆盖度草地或林地，有机质含量也相应较高。而在黑河上游西部区域，有机质含量整体偏低，导致该区域有机质随高程变化不明显。结合实地调查考证可知，黑河上游高海拔地区多为原始森林，人类活动干扰较小，区域中土壤腐殖质堆积，从而使得土壤有机质含量得以维持在一个较高的水平。随着海拔降低逐步过渡为草原，畜牧业多集中在这些区域，且人类活动逐渐密集，植被覆盖度逐渐降低，相应地，土壤有机质含量逐渐降低。

如彩图 9（c）所示，黑河上游土壤有机质等值线填充图更详细地显示出了有机质含量在面上的分布状况。土壤有机质在东部明显最高，东部区域以八宝河与山丹河两条河流为主，水资源丰富。在中部，土壤有机质也明显高于西部。该区域以野牛沟河为主，多支流遍布于该区域。西部主要以讨赖河与洪水坝河为主，支流遍布该区域，其土壤有机质较低。然而，河流分布对土壤有机质分布的影响并不明显（张沛，2015）。

　　总的来说，黑河上游土壤有机质的空间变异由本身和人为因素协同作用导致。本书的研究中样点间的土壤有机质空间相关性较强，相应地，插值预测精度较高。黑河上游土壤有机质的克里金插值结果表明，在高覆盖度草地、林场、耕作区密集区域，土壤有机质含量较高。土壤有机质在黑河上游呈现东部>中部>西部的趋势。西部为酒泉等地，雨水较少，植被不好，多为裸地，土壤有机质累积量少；而东部则雨水较上中部丰富，植被较好，土壤有机质含量较高。

参 考 文 献

鲍士旦. 2000. 土壤农化分析. 北京: 中国农业出版社.

付春雷, 宋国利, 鄂勇. 2009. 马尔可夫模型下的乐清湾湿地景观变化分析. 东北林业大学学报, 37(9): 117-119.

高艳红, 程国栋, 尚伦宇, 等. 2007. 耦合冻土方案的大气模式对祁连山区春季土壤状况的模拟. 冰川冻土, 29(1): 82-90.

郭笃发. 2006. 利用马尔科夫过程预测黄河三角洲新生湿地土地利用/覆被格局的变化. 土壤, 38(1): 42-47.

郭丽俊, 李毅, 李敏, 等. 2011a. 壤土土壤水力特性空间变异的多重分形分析. 农业机械学报, 42(9): 50-58.

郭丽俊, 李毅, 李敏, 等. 2011b. 盐渍化农田土壤斥水性与理化性质的空间变异性. 土壤学报, 48(2): 277-285.

黄元仿, 周志宇, 苑小勇, 等. 2004. 干旱荒漠区土壤有机质空间变异特征. 生态学报, 24(12): 2776-2781.

金鑫. 2016. 基于 SWAT 模型的土地利用/覆被变化对流域水文过程的影响研究——以黑河上中游为例. 兰州大学.

卡庆斯基 H A. 1964. 土壤机械组成、微团聚体组成及其研究方法. 北京: 科学出版社.

雷志栋, 杨诗秀, 许志荣, 等. 1985. 土壤特性空间变异性初步研究. 水利学报, 9: 12-23.

李敏, 李毅, 曹伟, 等. 2009. 不同尺度网格膜下滴灌土壤水盐的空间变异性分析. 水利学报, 40(10): 1210-1218.

连纲, 郭旭东, 傅伯杰, 等. 2006. 黄土丘陵沟壑区县域土壤有机质空间分布特征及预测. 地理科学进展, 25(2): 112-122.

刘超, 卢玲, 胡晓利. 2011. 数字土壤质地制图方法比较——以黑河张掖地区为例. 遥感技术与应用, 26(2): 177-185.

刘鹄, 赵文智, 何志斌, 等. 2008. 祁连山浅山区不同植被类型土壤水分时间异质性. 生态学报, 28(5): 2389-2394.

刘继龙, 张振华, 谢恒星. 2006. 梨园土壤水分时空分布特征研究. 水土保持研究, 13(6): 159-162.

吕贻忠, 李保国. 2008. 北京: 中国农业出版社.

潘启民. 2001. 黑河流域水资源. 南京: 黄河水利出版社.

桑以琳. 2005. 土壤学与农作学. 北京: 中国农业出版社.

史文娇, 岳天祥, 王宗. 2016. 黑河上游数字土壤制图产品: 土壤质地(粒径组成)空间分布数据集. 黑河计划数据管理中心.

王建华, 赵军, 王小敏. 2013. 黑河流域生态水文综合地图集: 黑河流域土壤质地图. 黑河计划数据管理中心. doi: 10.3972/heihe.0.27.2013.db.

王政权. 1999. 地统计学及在生态学中的应用. 北京: 科学出版社.

吴维臻, 田杰, 赵琛, 等. 2013. 黑河上游水文气象变量变化趋势多尺度分析. 海洋地质与第四纪地质, 33(4): 37-44.

熊毅. 1937. 土壤质地之研究. 地质论评, 2(1): 23-38.

姚荣江, 杨劲松, 姜龙. 2006. 黄河三角洲土壤盐分空间变异性与合理采样数研究. 水土保持学报, 20(6): 89-94.

张慧, 李毅, 邓宏伟, 等. 2013. 基于遥感影像的新疆玛纳斯河流域土壤盐渍化分类. 西北农林科技大学学报自然科学版, 41(3): 153-158.

张利, 周亚鹏, 门明新, 等. 2015. 基于不同种类生态安全的土地利用情景模拟. 农业工程学报, 31(5): 308-316.

张沛. 2015. 基于 3S 技术的黑河上游土壤理化性质空间变异性研究. 西北农林科技大学硕士学位论文.

张沛, 李毅, 商艳玲. 2015. 偏最小二乘回归方法提取土壤质量单项评价指标初探. 灌溉排水学报, 34(5): 72-78.

张时煌, 彭公炳, 黄玫. 2004. 基于地理信息系统技术的土壤质地分类特征提取与数据融合. 气候与环境研究, 9(1): 65-79.

张忠启, 于法展, 李保杰, 等. 2012. 江苏北部县域土壤有机质空间变异特征. 水土保持研究, 19(5): 219-222.

中国科学院南京土壤研究所, 中国科学院西北水土保持生物土壤研究所. 1975. 对我国土壤质地分类的意见. 土壤, 36(1): 43-45.

Adhikari K, Guadagnini A, Toth G, et al. 2009. Geostatistical analysis of surface soil texture from Zala County in western Hungary. Kathmandu, Nepal: Proceeding of International Symposium on Environment, Energy and Water in Nepal: Recent Researches and Direction for Future. 31 March to 1 April.

Al-Abbas A H, Swain P H, Baumgardner M F. 1972. Relating organic matter and clay content to the multispectral radiance of soils. Soil Science, 114(6): 65-82.

Baren H V, Hartemink A E, Tinker P B. 2000. 75 years The International Society of Soil Science. Geoderma, 96(1): 1-18.

Bierkens M F P, Burrough P A. 1993. The indicator approach to categorical soil data. I Theory J. Soil Science, 44(2): 361-368.

Bishop T F A, McBratney A B. 2001. A comparison of prediction methods for the creation of field-extent soil property maps. Geoderma, 103: 149-160.

Carle S F, Fogg G E. 1997. Modeling spatial variability with one- and multi-dimensional continuous Markov chains. Mathematical Geology, 29(7): 891-918.

Chen C R, Chen C F, Son N T. 2015. Spatiotemporal simulation of changes in rice cropping systems in the Mekong Delta, Vietnam. EGU General Assembly Conference Abstracts, 17: 8258.

Chien Y J, Lee D Y, Guo H Y, et al. 1997. Geostatistical analysis of soil properties of mid-west Taiwan soils. Soil Science, 162(4): 291-298.

Cosby B J, Hornberger G M, Clapp R B, et al. 1984. A statistical exploration of the relationships of soil moisture characteristics to the physical properties of soils. Water Resources Research, 20(6): 682-690.

d' Or D, Bogaert P, Christakos G. 2001. Application of the BMEapproach to soil texture mapping. Stochastic Environmental Research and Risk Assessment, 15(1): 87-100.

Delbari M, Afrasiab P, Loiskandl W. 2011. Geostatistical analysis of soil texture fractionson the field scale. Soil & Water Research, 6(4): 173-189.

Du F, Zhu A, Band L, et al. 2014. Soil property variation mapping through data mining of soil category maps. Hydrological Processes, 29(11): 2491-2503.

FAO, IIASA, ISRIC, et al. 2009. Harmonized World Soil Database(version 1.1). FAO, Rome, Italy and IIASA, Laxenburg, Austria.

FAO-Unesco Soil map of the world 1 : 5 000 000. 1974. Printed by Tipolitografia F. Failli, Rome for the

Food and Agriculture Organization of the United Nations and the United Nations Educational, Scientific and Cultural Organization Published in 1974 by the United Nations Educational, Scientific and Cultural Organization Place de Fontenoy, 75700 Paris.

Fernandez-Illescas C P, Porporato A, Iiao F, et al. 2001. The ecohydrological role of soil texture in a water-limited ecosystem. Water Resources Research, 37(12): 2863-2872.

Geoff Bohling Assistant Scientist Kansas Geological Survey. 2005. KRIGING. http://people.ku.edu/-gbohling/cpe940[2013-1-23].

Gobin A, Campling P, Feyen J. 2001. Soil-landscape modeling to quantify spatial variability of soil texture. Physics and Chemistry of the Earth(Part B, Hydrology, Oceans and Atmosphere), 26(1): 41-45.

Goovaerts P. 1997. Geostatistics for Natural Resources Evaluation. New York: Oxford University Press.

Hahn C, Gloaguen R. 2008. Estimation of soil class by non linear analysis of remote sensing data. Nonlinear Processes in Geophysics, 15(1): 115-126.

Knoop W T, Walker B H. 1985. Interactions of woody and herbaceous vegetation in a southern African savanna. Ecology, 73: 235-253.

Lark R M. 2002. Optimized spatial sampling of soil for estimation of the variogram by maximum likeliwood. Geoderma, 105(1-2): 49-80.

Li J, Zhou Z X. 2015. Coupled analysis on landscape pattern and hydrological processes in Yanhe watershed of China. Science of the Total Environment, 505: 927-938.

Li W D. 2007a. Markov chain random fields for estimation of categorical variables. Mathematical Geology, 39(3): 321-335.

Li W D. 2007b. Transiograms for characterizing spatial variability of soil classes. Soil Science Society of America Journal, 71(3): 881-893.

Li W D, Zhang C R. 2007. A random-path Markov chain algorithm for simulating categorical soil variables from random point samples. Soil Science Society of America Journal, 71(3): 656-668.

Li W D, Zhang C R, Burt J E, et al. 2004. Two-dimensional Markov chain simulation of soil class spatial distribution. Soil Science Society of America Journal, 68(5): 1479-1490.

Liao K H, Xu S H, Wu J C, et al. 2013. Spatial estimation of surface soil texture using remote sensing data. Soil Science and Plant Nutrition, 59(4): 488-500.

Ließ M, Glaser B, Huwe B. 2012. Uncertainty in the spatial prediction of soil texture comparison of regression tree and Random Forest models. Geoderma, 170(3): 70-79.

Liu W J, Chen S Y, Qin X, et al. 2012. Storage, patterns, and control of soil organic carbon and nitrogen in the northeastern margin of the Qinghai-Tibetan Plateau. Environmental Research Letters, 7(3): 35401-35412.

Meul M, Meirvenne M V. 2003. Kriging soil texture under different class of nonstationarity. Geoderma, 112: 217-233.

Nouri J, Gharagozlou A, Arjmandi R, et al. 2014. Predicting urban land use changes using a CA-Markov model. Arabian Journal for Science and Engineering, 39(7): 5565-5573.

Oberthuer T, Goovaertsc P, Dobermannb A. 1999. Mapping soil texture class using field texturing, particle size distribution and local knowledge by both conventional and geostatistical methods. European Journal of Soil Science, 50(3): 457-479.

Palaciosorueta A, Ustin S L. 1998. Remote sensing of soil properties in the Santa Monica Mountains I. Spectral analysis. Remote Sensing of Environment, 65(2): 170-183.

Ramezani N, Jafari R. 2014. Land Use/Cover change detection in 2025 with CA-Markov chain model(case study: Esfarayen). Geographical Research, 29(4): 1017-4125.

Rendana M, Rahim S A, Idris W M R, et al. 2015. CA-Markov for predicting land use changes in tropical catchment area: a case study in Cameron Highland, Malaysia. Journal of Applied Sciences, 15(4): 689-695.

Saxton K E, Rawls W J. 2006. Soil water characteristic estimates by texture and organic matter for hydrologic solutions. Soil Science Society of America Journal, 70(5): 1569-1578.

Scull P, Okin G, Chadwick O A, et al. 2004. A comparison of methods to predict soil surface texture in an alluvial basin. Professional Geographer, 57(3): 423-437.

Suliman A S, Post D F. 1988. Relationship between soil spectral properties and sand, silt, and clay content of the soil on the University of Arizona Maricopa Agricultural Center. Arizona Nevada Academy of Science, 18: 61-65.

Sullivan D G, Shaw J N, Rickman D. 2005. IKONOS imagery to estimate surface soil property variability in two Alabama physiographies. Soil Science Society of America Journal, 69(6): 1789-1798.

Trangmar B B, Yost R S, Wade M K, et al. 1987. Spatial variation of soil properties and rice yield in recently cleared land. Soil Science Society of America Journal, 51(3): 668-674.

Tsegaye T, Hill R L. 1998. Intensive tillage effects on spatial variability of soil test, plant growth, and nutrient uptake measurement. Soil Science, 163(2): 155-165.

United States Department of Agricutlure. 1999. Soil taxonomy: a basic system of soil classification for making and interpreting soil surveys. Soil Conservation Service. U.S. Department of Agriculture Handbook 436.

Webster R. 1985. Quantitative spatial analysis of soil in the field. Advances in Soil Science, 3: 1-70.

Yang Y Y, Zhang S W, Yang J C, et al. 2015. Using a cellular automata-Markov model to reconstruct spatial land-use patterns in Zhenlai County, Northeast China. Energies, 8(5): 3882-3902.

Yost R S, Uehara G, Fox R L. 1982. Geostatical analysis of soil chemical properties of large land areas: I Semivariograms. Soil Science Society of America Journal, 46: 1028-1032.

Zhang R, Warrick A W, Myers D E. 1992. Improvement of the prediction of soil particle size fractions using spectral properties. Geoderma, 52(3-4): 223-234.

Zhang S W, Shen C Y, Chen X, et al. 2013. Spatial interpolation of soil texture using compositional Kriging and regression Kriging with consideration of the characteristics of compositional data and environment variables. Journal of Integrative Agriculture, 12(9): 1673-1683.

Zhao Z Y, Chow T L, Rees H W, et al. 2009. Predict soil texture distributions using an artificial neural network model. Computers and Electronics in Agriculture, 65(1): 36-48.

第 5 章　土壤水分的空间分布

5.1　黑河上游土壤水分的空间分布

结合气象、植被特性、人工影响等要素，将黑河上游划分为 7 种土地覆被类型，包括低盖度草地、高盖度草地、草甸、农田、林地、灌丛、裸地。将土壤 0～70 cm 的剖面划分为 0～10 cm、10～20 cm、20～30 cm、30～50 cm 和 50～70 cm 五层。基于土壤水文定位观测体系采集的土壤水分数据，采用经典统计法分析黑河上游区域土壤水分在不同土地覆被类型下的整体状况、剖面特征。

5.1.1　不同土地覆被类型下土壤水分差异特征

依据黑河上游不同类型植被覆盖指数（NDVI）变化状况（顾娟等，2010），确定植被生长期为 4 月 20 日～10 月 10 日。对 2014 年生长期数据（表 5.1）分析得知，7 种不同土地覆被类型下的土壤水分由大到小的顺序为灌丛、林地、裸地、草甸、高盖度草地、农田和低盖度草地；其变异程度由大到小的顺序为低盖度草地、高盖度草地、草甸、农田、林地、灌丛和裸地。

表 5.1　不同土地覆被类型下土壤水分描述性统计特征值

土地覆被类型	最大值/%	最小值/%	平均值/%	变异系数/%
灌丛	45.06	25.40	33.85	8.96
林地	26.19	16.39	19.49	9.22
裸地	23.30	13.32	18.03	8.40
草甸	26.26	9.80	17.56	16.01
高盖度草地	28.34	11.82	17.38	16.07
农田	21.08	10.98	15.56	15.21
低盖度草地	16.72	7.35	10.49	19.95

资料来源：白晓等，2017。

降水是土壤水分的主要来源，其导致不同类型上土壤水分的差异。根据王超和赵传燕（2013）的研究可知，黑河上游降水由多到少的顺序大致为灌丛、高盖度草地、农田、林地、裸地、草甸、低盖度草地。除高盖度草地和农田外，基本是降水量大的土地覆被类型土壤水分值较高。虽然高盖度草地和农田降水较林地多，但它们对土壤水分的消耗大，导致其土壤水分较低。除裸地和农田外，其他土地覆被类型土壤水分值越低，变异系数则越高，两者 Pearson 的相关系数为–0.82。这是由于土壤水分值越低，降水补给和蒸散发消耗所引起的相对波动就越大，导致其变异性越大。农田主要受人工灌溉的影响，因此不符合上述规律。而裸地则仅有土壤蒸发并无植被蒸腾，其他类型均有植被覆盖，因此生长期内裸地变异性最小。总的说来，降水和植被是影响生长期土壤水分的主要因素。

5.1.2　不同土地覆被类型下土壤水分剖面分布特征

祁连山区 7 种土地覆被类型下 5 层土壤水分及其变异系数的剖面分布如图 5.1 所示。不同土地覆被类型下土壤水分在 0～70 cm 剖面范围内的垂直分布规律如下：农田和高盖度草地均为随深度增加而减小；草甸一直虽波动变化；低盖度草地表层含水量较低，10～70 cm 均为波动变化且变化趋势与草甸相反；灌丛也一直波动变化，从表层开始先减小后增加，至 50～70 cm 层又减小；林地和裸地均为先增加再减小。总的来说，高盖度草地、低盖度草地的土壤水分值在剖面各层变化不大，而农田、草甸、灌丛、林地和裸地土壤水分值随深度变化较明显，这是由于植被根系对土壤水分有显著影响（王迪海等，2012）。草地根系的持水能力比灌丛和林地弱，各层土壤水分差异不大。农田则由于人工灌溉，导致其上层土壤水分高于下层。草甸因根系区紧密的草毡层阻碍土壤水分下渗，在根系下部形成相对干层，阻碍深层土壤毛管水向上运动，水分滞留深层，形成草甸土壤水分特殊的剖面分布规律。灌丛表层受灌丛对降水的截留作用，土壤水分较高，根系随土壤深度增加先增多后减少（邱权等，2014），持水性也先增加后减小，从而土壤水分先增加再减小。林地中，表层受枯枝落叶对降水的截留作用，土壤水分值较小；10～30 cm 层由于草本植物根系增多，其持水性作用变大，之后根系减少，因而土壤水分也随之呈现出先增高后减少的规律。裸地则是因为土壤发育尚处于原始成土过程，表

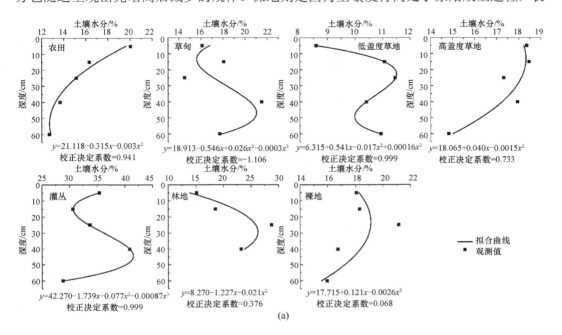

(a)

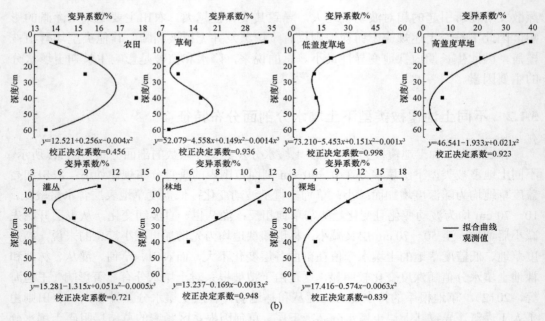

图 5.1　不同土地覆被类型下土壤水分及变异系数剖面分布（白晓等，2017）

土壤水分为 2014 年生长期数据，各层以中间深度为土壤深度坐标，如 0～10 cm 层的坐标为 5 cm。其中，
林地因仪器故障，50～70 cm 层数据缺测

层导水性较好，水分能快速入渗至与表层结构有很大差异的下层，而表层水分在太阳辐射作用下形成相对干层，使得下层和表层由于缺乏毛管及张力作用，水分滞留下层，表层细颗粒物质因淋溶淀积在下层（经实验室粒度测定，第 20～第 50 cm 层砂粒含量明显少于其他层），阻碍土壤水分向深层运动，所以裸地土壤水分在 20～30 cm 层最高，大于深层和表层。

随着土壤深度的增加，土壤水分变异程度为农田先增加后减小，草甸和灌丛先减小后增加再减小，低盖度草地为先减小后趋于稳定再减小，高盖度草地、林地和裸地均随深度的增加而递减。农田表层土壤水分有灌溉补给，变异性较小。草甸和草地土壤水分变异性均在浅层较大，深层趋于稳定，但其稳定的土壤层则有不同。草甸稳定层为 20 cm，该层土壤水分较高，根系主要集中在该层并形成草毡层，草毡层持水性好且排水性差，从而该层土壤水分稳定。草地稳定层为 25 cm 左右，这是由于表层土壤水分较差，根系较草甸深。灌丛各层土壤水分变异不大与林下枯枝落叶层对土壤蒸散的减缓和根系的持水性有关。林地表层土壤水分受降水影响大，下层逐渐减小。裸地剖面变异规律和土壤水分分布规律形成原因一样，表层受降水影响大，土壤蒸散促使其下形成相对干层，又有细颗粒物淋溶淀积，土壤水分滞留，导致表层以下各层变异均较小。

总而言之，由于植被根系对土壤水分的显著影响，高盖度草地、低盖度草地的土壤水分值在剖面各层变化不大，而农田、草甸、灌丛、林地和裸地土壤水分值随深度变化较明显。随着土壤深度的增加，土壤水分变异程度分布规律为农田先增加后减小，草甸和灌丛为先减小后增加再减小，低盖度草地、高盖度草地、林地和裸地均为随深度的增加而递减（白晓等，2017）。

5.2　黑河上游土壤水分的空间分布与环境因子的关系

本节在野外随机采样点数据的基础上，通过分析黑河上游流域尺度的土壤水分空间分布格局，在流域尺度上揭示了黑河上游土壤水分空间变异性特征及其主控因子。

5.2.1　黑河上游 0～50 cm 土壤水分空间分布特征

基于土壤水文定位观测体系及随机观测体系中采集的土壤水分数据，结合土地利用类型，选择回归因子建立回归方程，进而利用插值方法对土壤水分空间分布状况进行分析。由于研究中开展的大范围随机样点的采样深度为 0～10 cm 和 10～50 cm 两层，所以本节中主要分析 0～10 cm 及 10～50 cm 这两层土壤水分变化特征。

为避免建模中出现无统计意义的土地利用类型，在黑河上游 7 类土地利用类型的基础上，合并相似的土地利用类型，进一步将其归为 5 类。其中，低盖度草地与高盖度草地归为草地，灌丛与林地均归为林地。随后，对 5 类土地利用类型的土壤水分做 ANOVA（analysis of variance）方差分析，判断每种土地利用类型的土壤水分是否具有显著性差异。结果表明，林地与草地的土壤水分无显著差异，归为第一类（N1）；农田与草甸差异不显著，归为第二类（N2）；裸地归为第三类（N3）。随后将 NDVI、海拔、坡度、坡向、黏粒含量、全氮、孔隙度作为因子，与土壤水分做逐步回归分析得到最优拟合方程。该方程拟合系数 R^2 为 0.41，且通过显著性检验（$P<0.05$）。从方程中可以看出，回归因子主要为 NDVI、海拔及全氮这 3 个因子，其显著性均小于 0.05（表 5.2）。因此，黑河上游对土壤水分影响较大的因子为 NDVI、海拔与全氮含量。

表 5.2　回归因子显著性检验

回归因子	非标准化系数		T 值	显著性
	回归系数	标准差		
常量	−19.57	6.68	−2.93	0.004
NDVI	28.35	6.33	4.48	0.000
海拔	0.01	0.002	3.57	0.001
全氮	0.58	0.17	3.52	0.001

基于上述回归方程对黑河上游土壤水分进行回归克里金插值，并与普通克里金插值结果进行对比。与实测值相比，回归克里金插值结果的均方根误差（root mean square error，RMSE）在 0～10 cm 深度为 0.188 m³/m³，在 10～50 cm 深度为 0.109 m³/m³；而普通克里金插值结果的 RMSE 在 0～10 cm 深度为 0.204 m³/m³，在 10～50 cm 深度则为 0.121 m³/m³。回归克里金插值效果优于普通克里金插值，因而采用回归克里金插值估算黑河上游土壤水分空间分布情况。如彩图 10 所示，在黑河上游，0～10 cm 深度土壤水分呈现出西低东高的趋势；10～50 cm 深度土壤水分插值结果也与 0～10 cm 呈现相似的趋势。

基于随机样点数据，对黑河上游土壤水分空间分布进行统计分析。首先，黑河上游大体划分为东、中、西 3 个区域，对比各区域样点土壤水分分布特征是否与插值结果相似。0～10 cm 和 10～50 cm 两层上统计分析结果均与插值分析结果一致（表 5.3），具有"东高西低"的特征。3 个区域中，西部土壤水分受环境因子影响最大，变异性最强，而中部地区变异性最小，东部地区略高于中部地区。土壤水分的空间分布特征与黑河上游 NDVI 的分布相符。西部地区植被稀疏，NDVI 较低，土壤水分蒸发速度快，因而变异性强；而东部地区与中部地区 NDVI 相对较高，且土地利用类型多为草地，因而土壤水分蒸发速度较慢，较为稳定。

表 5.3　黑河上游 0～10 cm 和 10～50 cm 土壤水分统计分析

区域	土壤层/cm	样点数	土壤水分平均值/（g/g）	变异系数	标准差
东部	0～10	38	0.29	0.54	0.16
	10～50	38	0.27	0.51	0.14
中部	0～10	63	0.27	0.54	0.14
	10～50	50	0.22	0.49	0.11
西部	0～10	36	0.11	0.79	0.09
	10～50	31	0.10	0.66	0.07

5.2.2　流域尺度土壤水分空间变异的影响因素

土壤水分具有明显的时空异质性特征，评价和理解土壤水分空间异质性是过去 20 年土壤水分研究的热点。土壤水分的影响因子依据研究尺度的差异而有所不同，在流域尺度上，主要考虑以下几个因子的影响。

（1）土壤因子。土壤因素主要包括物理属性和化学属性。土壤物理属性主要分析土壤粒度、土壤容重及孔隙度。首先，对 0～10 cm 和 10～50 cm 的土壤水分与砂粒含量进行相关性分析。在 0～10 cm 深度，砂粒含量与土壤水分相关性不显著；但在 10～50 cm 深度，砂粒含量与土壤水分的相关系数为–0.25，呈现负相关关系且通过 0.05 水平的显著性检验。这可能是因为黑河上游山区地形复杂，地表植被覆盖度高，而地形和植被对于黑河上游土壤水分的空间分布的影响较强，削弱了土壤质地的影响。此外，通过分析不同植被类型和土壤类型下土壤质地中黏粒含量与土壤水分均值的关系，发现二者没有明显的相关性。其次，考虑土壤容重及孔隙度对土壤水分的影响。由表 5.4 可知，土壤水分与土壤容重呈显著负相关关系，与孔隙度呈显著正相关关系。

表 5.4　0～10 cm 及 10～50 cm 土壤水分与容重、孔隙度相关性分析

	相关性分析	0～10 cm 土壤水分	10～50 cm 土壤水分
土壤容重	Pearson 相关性	–0.41**	–0.49**
	显著性（双侧）	0.00	0.003
	N	77	36
土壤孔隙度	Pearson 相关性	0.41**	0.49**
	显著性（双侧）	0.00	0.003
	N	77	36

**表示在 0.01 水平（双侧）上显著相关。

注：N 为样本量。

　　土壤化学属性则主要分析全氮含量。土壤全氮主要来源于植被氧化分解后被根系所固定的氮元素，它对于土壤水分、土壤物理性质及微生物活动均有很大影响。黑河上游土壤水分与全氮的相关系数在 0～10 cm 层达到 0.43，在 10～50 cm 层则达到 0.29，均通过显著水平为 0.01 的检验。因而，黑河上游土壤水分与全氮呈现显著的正相关关系，且全氮对 0～10 cm 的土壤水分的影响更大。

　　（2）植被因素。由于农田土壤水分受人为扰动较大，所以选取草地、裸岩石砾地、高山草甸和林地 4 种主要的植被类型，分析植被对土壤水分的影响。由表 5.5 可知，裸岩石砾地土壤水分空间变异程度最小。该结果与 5.1 节结果吻合。高山草甸区植被覆盖度高，由于对降水的截留作用及降水通过植被后向土壤的缓渗，因而变化幅度相对均匀。土壤水分在有林地和草地覆盖条件下空间变异程度明显高于高山草甸和裸地，尤其是在 10～50 cm 深度，这一方面是由于根系分布造成的土壤入渗运移的差异；另一方面则由植被覆盖度的差异引起。该结果与王根绪等（2003）在青藏高原高寒草地的研究结果相符。

表 5.5　不同植被类型下土壤水分的方差、标准差（STD）和变异系数（CV）

植被类型	土层深度/cm	方差	STD	CV
高山草甸	0～10	264.34	16.26	0.59
	10～50	258.10	16.07	0.60
草地	0～10	266.97	16.34	0.82
	10～50	183.80	13.56	0.77
有林地	0～10	223.16	14.94	0.62
	10～50	216.69	14.72	0.75
裸岩石砾地	0～10	9.90	3.15	0.52
	10～50	8.45	2.91	0.56

　　为进一步阐明植被与土壤水分空间分布的关系，对 0～10 cm 和 10～50 cm 平均土壤水分与 NDVI 进行相关性分析。NDVI 数据通过 2012 年 8 月 E-MODIS 遥感影像［美国地质调查局（USGS），30 m 分辨率］，在 ENVI（美国 ESRI 公司）中提取并计算得到。结果表明，0～10 cm 与 10～50 cm 土壤水分与 NDVI 的相关系数分别达到 0.49 和 0.57，均在 0.01 水平上呈显著正相关，说明土壤水分受到植被的影响很大。该结果基于随机点采样结果，仅代表 2012 年 8 月土壤水分在不同植被覆盖下的分布情况。在不同的时间尺度下，降雨、蒸散发等影响因子的差异，则会造成不同的分布状况。

　　（3）地形因子。地形因子主要包括坡度、坡向及海拔。其中，坡度和坡向数据通过黑河上游 DEM 计算得到。统计分析发现，在 10～50 cm，土壤水分和坡度、坡向之间呈显著负相关关系，而与海拔呈显著正相关关系。但在 0～10 cm，土壤水分与坡度和坡向之间的相关关系不显著，但与海拔有显著的相关关系（表 5.6）。该结果与邱扬等（2001）在陕西黄土丘陵小流域的研究结果相一致，发现海拔和坡度对土壤水分的影响大于坡向的影响。究其原因，是由于海拔较高的样点土壤水分下渗较快，且由于海拔造成的植被垂向分布进一步加强了水分在土壤中运移的差异。

表 5.6　0～10 cm 和 10～50 cm 土壤水分和坡度、坡向的相关性分析

相关性分析		0～10 cm 土壤含水量	10～50 cm 土壤含水量
坡度	Spearman 相关系数	0.04	−0.30**
	显著性（双侧）	0.69	0.00
	N	121	275
坡向	Spearman 相关系数	−0.11	−0.15*
	显著性（双侧）	0.23	0.01
	N	121	275
海拔	Spearman 相关系数	0.52**	0.49**
	显著性（双侧）	0.00	0.00
	N	121	230

**表示在 0.01 水平上显著相关。*表示在 0.05 水平上显著相关。

（4）黑河上游土壤水分主要影响因子。由于海拔、NDVI、坡度、坡向、全氮、黏粒含量等环境因子与土壤水分之间关系复杂，而旋转主成分分析是一种基于特征值的统计方法，能够得到简明的空间模态（王军德等，2006），所以采用旋转主成分分析法来确定黑河上游土壤水分空间变异的主控因子。首先，对环境因子进行 KMO（kaiser-meyer-olkin）检验，以判断是否适合进行旋转主成分分析。结果表明，坡度、坡向、海拔、NDVI、黏粒含量、孔隙度、全氮和降水量这 8 个环境因子适宜进行旋转主成分分析。随后，通过对主成分累计贡献率及因子载荷矩阵进行分析（表 5.7），发现在黑河上游区域，NDVI、海拔及坡度是土壤水分的主要影响因子。

表 5.7　特征值、主成分贡献率和累计方差贡献率

成分	初始特征值			提取平方和载入		
	合计	方差贡献率/%	累计方差贡献率/%	合计	方差贡献率/%	累计方差贡献率/%
1	1.95	24.32	24.32	1.95	24.32	24.32
2	1.60	20.01	44.33	1.60	20.01	44.33
3	1.10	13.80	58.13	1.10	13.80	58.13
4	0.93	11.63	69.76			
5	0.88	10.98	80.73			
6	0.63	7.93	88.67			
7	0.48	6.05	94.72			
8	0.42	5.28	100.00			

5.2.3　坡面尺度土壤水分与地形因子的关系

为了进一步揭示在黑河上游这种地形复杂区域，土壤水分与地形因子的相互作用机制，本节通过 9 个典型坡面样点，来分析土壤水分的空间异质性特征及其与地形因子之间的关系，并揭示其空间变化格局。典型坡面样点是通过黑河上游 DEM、土壤类型分布图及通过解译遥感影像得到的土地利用类型图等数据，按照黑河上游海拔梯度、土壤类型及土地利用的变化，将其划分为若干个高程-土壤-植被组合单元，统计每个单元所占的面积，选取其中面积最大的 9 种代表性高程-土壤-植被组合单元（彩图 11，表 5.8）。在每种组合单元上，选取典型坡面，以 10 m 为间隔沿整个地形坡面从坡底向上直到坡顶连续采样，每个样点采集 0～5 cm、5～10 cm、10～30 cm 及 30～50 cm 四层土壤样品，现场测量土壤湿度。利用地质罗盘获取采样点相应的坡度和坡向数据，样点坡向数据采用以正北方向（数值为 0）开始顺时针旋转的角度表示。由于坡向是旋转变量，计算坡向的正弦值和余弦值这两个分量分别表示其朝东和朝北的程度（Bourennane et al.，1996；King et al.，1999；韩建平和贾宁凤，2010）。基于此，将获取的取样点坡向数据划分为阴坡、阳坡、半阴坡等不同坡向类型。其中，阴坡的范围为 315°～360°和 0°～45°，半阴坡为 45°～90°和 270°～315°，阳坡为 135°～225°，半阳坡为 90°～135°和 225°～270°（Burrough et al.，1998；李俊清等，2010）。

表 5.8　采样坡面信息

坡面	经纬度	高程范围/m	土壤类型	植被覆盖类型	坡向	平均坡度	坡度类别
1	99.19°E，39.15°N	2500～3000	淡栗钙土	中覆盖度草地	半阴坡	33.0°	陡坡
2	99.80°E，39.32°N	3000～3500	饱和寒冻毡土	中覆盖度草地	半阴坡	28.9°	陡坡
3	99.23°E，38.72°N	3500～4000	饱和寒冻毡土	中覆盖度草地	阳坡	21.8°	斜坡
4	97.82°E，39.33°N	3500～4000	石灰性寒冻钙土	中覆盖度草地	阳坡	32.8°	陡坡
5	101.04°E，38.15°N	3000～3500	泥炭土型寒毡土	有林地	半阳坡	34.8°	陡坡
6	100.62°E，38.03°N	3000～3500	饱和寒冻毡土	有林地	半阴坡	31.6°	陡坡
7	99.62°E，38.41°N	3000～3500	典型栗钙土	高覆盖度草地	阳坡	28.9°	陡坡
8	99.97°E，38.24°N	3000～3500	饱和寒冻毡土	高覆盖度草地	半阳坡	41.2°	急坡
9	99.48°E，38.59°N	3500～4000	饱和寒冻毡土	高覆盖度草地	半阳坡	28.9°	陡坡

1. 坡面尺度土壤水分空间变异特征

1）土壤水分空间异质性

由表 5.9 可知，9 个坡面中坡面 1、2 和 4 平均土壤水分含量最低，坡面 3、7 和 8 平均土壤水分含量居中，而坡面 5、6 和 9 平均土壤水分含量最高，而尤以坡面 5 的土壤水分含量最高。根据坡面平均土壤水分的空间分布，将研究区 9 个坡面土壤水分状况划分为干旱、半湿润和湿润 3 种类型（表 5.10）。根据 9 个坡面的坡向情况，将其分成阴坡、半阴坡、半阳坡和阳坡 4 类（图 5.2）。

表 5.9　9 个坡面平均土壤水分

坡面类型	1	2	3	4	5	6	7	8	9
平均土壤水分/%	8.33	8.33	26.47	11.87	75.56	34.35	24.03	29.15	38.92

表 5.10　9 个坡面土壤水分干湿状况分类表

坡面干湿状况	坡面	平均土壤水分/%	坡面信息		
			高程范围/m	土壤	植被
干旱	1		2500～3000	淡栗钙土	中覆盖度草地
	2	9.51	3000～3500	饱和寒冻毡土	中覆盖度草地
	4		3500～4000	石灰性寒冻钙土	中覆盖度草地

续表

坡面干湿状况	坡面	平均土壤水分/%	坡面信息		
			高程范围/m	土壤	植被
半湿润	3		3500~4000	饱和寒冻毡土	中覆盖度草地
	7	26.55	3000~3500	典型栗钙土	高覆盖度草地
	8		3000~3500	饱和寒冻毡土	高覆盖度草地
湿润	5		3000~3500	泥炭土型寒毡土	有林地
	6	49.61	3000~3500	饱和寒冻毡土	有林地
	9		3500~4000	饱和寒冻毡土	高覆盖度草地

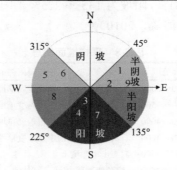

图 5.2　9 个典型坡面坡向分布图
圈内数字代表坡面，颜色相同表示坡向一致

从这 9 个坡面所处的空间位置来看，土壤水分干湿状况属干旱型的坡面均位于研究区黑河上游的西部，而半湿润型的坡面和湿润型的坡面位于研究区中东部，其植被覆盖情况比西部 3 个坡面好。黑河上游西部研究区常年降水比中东部少，西部比中东部更加干旱（丁永健等，1999；张杰和李栋梁，2004）。降水是土壤水分的重要输入变量，是大尺度上影响土壤水分空间分布的主要因素（Entin et al.，2000；Famiglietti et al.，1998；Vinnikov et al.，1999），其使得黑河上游平均土壤水分的空间分布呈现从东部向西部降低的趋势。

从坡面所属的高程-土壤-植被组合看，干旱型的坡面植被覆盖类型全部是中覆盖度草地，而半湿润型的坡面植被覆盖类型主要是高覆盖度草地，湿润型的坡面植被覆盖类型则主要是林地。这 3 种植被覆盖类型的差异造成了坡面降雨后形成的地表径流与入渗量之间的比例不同，表现为林地入渗量占降水量的比例最高，高覆盖度草地其次，而中覆盖度草地最低（李俊清等，2010；余新晓和甘敬，2007）。

值得注意的是，坡面 3 为中覆盖度草地，但其坡面干湿状况属半湿润型；坡面 9 为高覆盖度草地，但其坡面干湿状况属湿润型。通过比较可以发现，坡面 2 和坡面 3 土壤类型和植被覆盖类型一致，但海拔不同。坡面 3 所处的海拔更高，土壤蒸发比坡面 2 更加微弱。前文指出坡面 3 位于研究区中部，而坡面 2 位于研究区西部，研究区降水呈现从东部向西部减少的趋势，所以坡面 3 得到的水分补充比坡面 2 多。根据表 5.8 可知，坡面 3 所处位置坡度比坡面 2 缓，有利于土壤水分积累（Famiglietti et al.，1998；Moore et al.，1988；Qiu et al.，2001），所以坡面 3 的水分积累比坡面 2 多。再者，坡面 3 的有机质含量在植被覆盖类型为中覆盖度草地的坡面中很高，对增加土壤水分具有重要作用。另外，土壤水分状况属于干旱型的 3 个坡面地形复杂，坡度陡。坡度陡的地区不利于降雨入渗的产生，水分下渗量少，但排水条件好，有利于径流的产生（Famiglietti et al.，1998；Moore et al.，1988；Qiu et al.，2001）。所以，坡面降雨后转化为地表径流的比例大，不利于土壤水分的保持，最终导致了这 3 个坡面土壤水分最低。

2）土壤水分垂向异质性

坡面尺度上土壤剖面各层次平均土壤水分含量见表 5.11。从总的变化趋势上看，坡面 1 和坡面 2 土壤水分在垂直方向上的变化大致随深度增加而增加。分析不同组合单元的采样坡面上土壤水分在不同土壤层的变异系数（CV）可得，沿着整个坡面从下坡位到上坡位，坡面 6 土壤剖面的土壤水分 CV 值最小，表明该坡面 4 个土壤层次的土壤水分异质性小，而坡面 1 和坡面 2 则最大。

表 5.11　9 个采样坡面不同土壤层次平均土壤水分　　　　　（单位：%）

坡面	0~5 cm		5~10 cm		10~30 cm		30~50 cm	
	土壤水分	CV	土壤水分	CV	土壤水分	CV	土壤水分	CV
1	4.96	0.31	8.93	0.17	10.13	0.36	9.30	0.50
2	7.99	0.37	7.67	0.39	7.87	0.50	9.77	0.40
3	28.85	0.22	25.83	0.20	24.86	0.25	26.35	0.28
4	14.76	0.13	16.22	0.07	9.38	0.53	7.13	0.24
5	94.23	0.15	76.01	0.15	68.00	0.24	64.01	0.30
6	40.21	0.15	36.53	0.13	32.52	0.07	28.14	0.15
7	23.95	0.24	25.64	0.31	25.22	0.27	21.29	0.19
8	28.92	0.24	31.47	0.17	30.76	0.19	25.46	0.32
9	53.24	0.13	45.76	0.23	30.32	0.26	26.34	0.20

土壤水分在垂直方向上呈现深层变化大、表层变化小的特征，这与 Penna 等（2009）的研究结果一致。但 Paruelo 和 Sala（1995）、Choi 和 Jacobs（2007）等指出，表层土壤受蒸散发的直接影响，其变异程度较深层土壤高，这与本书的研究结果不一致，这主要是由研究尺度的不同引起的。Paruelo 和 Sala（1995）、Choi 和 Jacobs（2007）分别是在区域和流域尺度上开展研究，而本书的研究和 Penna 等（2009）则都是在坡面尺度上研究得到的结果。在区域和流域尺度上，自然地理条件更加复杂多样，蒸散发对土壤水分空间变异的影响比在小尺度（如坡面尺度）上更加明显，从而使得表层土壤水分变异较大。但就坡面尺度而言，植被更能引起显著的土壤水分空间差异（姚雪玲等，2012）。由于植被有利于减少地表径流，增加入渗，而深层土壤则接受上层土壤下渗和侧向运动的水分，深层土壤水分的积累、运移等过程比表层土壤复杂，影响深层土壤水分空间变异的机制则更加复杂。

2. 地形因子对土壤水分的影响

在 9 种典型坡度上，利用相关分析法，分析了坡度与坡向对不同层次土壤水分的影响。由表 5.12 可知，在坡面 2~3、坡面 6~9 的 0~5 cm 土壤层和坡面 4、坡面 7~8 的 10~30 cm 土壤层土壤水分与坡度呈显著负相关（0.05 水平下），与上一节在流域尺度上分析结果一致。这说明，在地形复杂、坡度大的情况下，土壤水分不易储存和下渗，在坡度缓的地区土壤水分能得到长期积累，其含量会更高。因而，坡度与土壤水分呈现显著负相关关系，导致土壤水分随坡度的变化出现变异（Famiglietti et al.，1998；Gómez-Plaza et al.，2001；Moore et al.，1988；Qiu et al.，2001）。

表 5.12　不同坡面坡度与土壤水分的相关系数表

坡面	土壤层次			
	0~5 cm	5~10 cm	10~30 cm	30~50 cm
1	−0.483	−0.090	−0.070	−0.040
2	−0.717**	−0.373	−0.419	−0.338
3	−0.691**	−0.013	0.306	0.005
4	−0.215	0.074	−0.630**	0.259
5	−0.434	−0.449	0.227	0.415
6	−0.725**	−0.383	−0.409	−0.418
7	−0.637**	−0.517	−0.534**	−0.355
8	−0.961**	−0.516	−0.790**	−0.202
9	−0.865**	0.125	0.010	0.577

**表示在 0.01 水平上显著相关。

分析坡向与土壤水分的关系发现，坡面 1、6、8 和 9 的坡向与土壤水分存在显著相关关系。而土壤水分与坡向正弦值和余弦值的分析结果表明，坡向越朝北，土壤水分越高。

5.3　遥感土壤水分产品及应用

当前，土壤水分数据的采集从传统的烘干法采集，发展到了应用半自动与全自动监测的中子仪、时域反射仪、电容和时域传输仪等仪器进行采集；同时，从点尺度的监测发展到利用电磁感应、电阻率层析成像、探地雷达和遥感等方法进行面尺度上的监测（白晓等，2017）。随着科学技术的进步，遥感土壤水分产品得到了极大发展与完善。遥感技术通过探测地表电磁波信号，建立地物光谱特征及相关参数和土壤水分的相关特征来反演土壤水分。

5.3.1　主流卫星遥感土壤水分产品

目前，主流卫星遥感土壤水分产品有 AMSR-E、ERS/ASCAT、SMOS 及 SMAP 等。

AMSR-E 是由日本宇宙航空研究开发机构（Japan Aerospace Exploration Agency，JAXA）研制和开发，于 2002 年 4 月发射，是第一个包含误差小于 $0.06 \, \text{m}^3/\text{m}^3$ 土壤水分标准产品的星载传感器（Njoku and Chan，2006；Njoku et al.，2003）。它搭载在 AQUA 卫星平台上，提供观测角为 55° 的全球被动微波观测数据，过境时间为升轨时间（13:30）

和降轨时间（01:30）。AMSR-E 产品时间跨度为 2002 年 6 月～2011 年 9 月，其土壤水分产品有 3 个主要版本：NASA、JAXA、LPRM。上述 3 级土壤水分数据产品空间分辨率约为 0.25°×0.25°，时间分辨率为 1 天，探测深度约为 1 cm（Tuttle and Salvucci，2014）。

ASCAT 是以欧洲遥感卫星 ERS-1（1991～2000 年）和 ERS-2（1995～2011 年）先后搭载的 C 波段（5.3GHz）垂直极化主动散射计为基础研制的，其于 2006 年 10 月由欧洲气象业务化卫星 MetOp-A 搭载升空，并于次年开始正常作业（陈书林等，2012），后由 2012 年 9 月发射的 MetOp-B 继续搭载，相应土壤水分产品空间分辨率为 0.25°×0.25°，时间分辨率为 1 天（韩斌等，2014），时间跨度为 1991 年 7 月至今。

土壤湿度与海洋盐分卫星 SMOS 由欧洲空间局（ESA）、法国航天局（CNES）、西班牙国家技术发展署（CDTI）共同研制，于 2009 年 11 月 2 日发射升空，轨道高度为 757 km。SMOS 卫星携带"基于孔径综合技术的微波成像仪"（MIRAS）探测器，空间分辨率为 40km×40km，探测深度约为 5 cm，时间跨度为 2010 年 5 月至今（Kerr et al.，2010；Ochsner et al.，2013）。SMOS 的优势主要如下：①卫星是从 0°～55°不同的角度观测，可以提供更多的观测数据，解决遥感反演过程中观测个数小于未知量个数问题；②采用 L 波段（1.4GHz）的长波观测，相比其他波段对土壤水分更为敏感，该波段能够灵敏地反映土壤湿度和海水盐度的变化，还能够尽量减小天气、大气和植被覆盖等因素对测量参数的影响，L 波段在反演土壤水分时能取得较好的效果，特别是在植被覆盖地区。但 SMOS 仍然有一定的缺点：①SMOS 通过被动微波的方法提供每天的土壤水分数据，空间分辨率很低，其对地表粗糙度和植被的敏感度没有主动微波算法高；②同其他卫星一样，SMOS 信号也会受人工无线电的干扰；③虽然 L 波段能穿透植被获得较多的地表信息，但它仍然受植被的影响，地面实际测量的地表粗糙度与通过利用土壤水分观测值和介电常数测量值拟合模型所得的地面粗糙度之间存在很大差异，并且随不同入射角和介电特性的变化而变化；④采用的反演算法存在很多问题。微波观测辐射信号取决于地表土壤水分、粗糙度、植被层的散射与消光特性，以及地表与植被温度。迭代反演算法根据构造代价函数，使模型模拟值与卫星观测差值误差达到最小来调整模型参数，进而反演得到土壤水分。因而，迭代反演算法无法从物理机制上解释地表的任一参数值变化引起卫星观测值变化，其中缺少足够的物理约束会导致反演算法的不确定性（陈亮，2009；白晓等，2017）。

美国宇航局（NASA）的土壤湿度主被动联合探测卫星 SMAP 则是首颗土壤水分探测卫星，用于高分辨率高精度观测全球表层土壤湿度与表层土壤冻融状态，于 2015 年 1 月发射升空，设计寿命为 3 年（Entekhabi et al.，2010）。SMAP 卫星获取土壤水分信息的原理如下：通过辐射计直接被动获得高精度低分辨率土壤湿度结果，再通过散射计主动获得同一单元的高分辨率低精度结果，最后将二者进行融合反演，从而获得满足应用需要的土壤湿度产品。其优点为在云雾天气、有植被干预的条件下仍然有较高的精度；较大的宽幅，重访时间短，主被动传感器联合反演算法可整合两种反演算法的优点，提高土壤水分反演精度。其中，主动传感器可以提供更高的空间分辨率，可以将土壤表面植被层的复杂性敏感地表现出来（Ochsner et al.，2013）。目前发布的土壤水分产品空间分辨率为 9 km 和 36 km，时间分辨率为 49 分钟至 1 天，时间跨度为 2015 年 3 月 31 日至今。

5.3.2　遥感土壤水分产品应用

当前土壤水分产品应用主要分为两大类：质量评估和应用分析。土壤水分的遥感卫星监测方法，通过探测地表反射或发射的电磁波，建立遥感获取的数据信息与土壤水分之间的关系，总结分析得到先验知识或理论支持，进而确定根据遥感数据反演地表土壤水分的方法（赵杰鹏等，2011）。借助遥感手段获取的土壤水分信息具有空间覆盖范围广、效率高、成本低等优点，因而得到了广泛应用（Liu et al.，2012；Merlin et al.，2012）。然而，遥感数据获取过程较为复杂，受到大气、目标地物地形及传感器自身误差等多种因素影响，导致反演的遥感产品与真实值之间存在误差，其数据分辨率也较粗（张仁华等，2010）。因此，遥感产品的质量评估是其真实性和可靠性的有效保证，也是当前遥感产品应用研究中的热点和难点问题（姜小光等，2008）。

Sahoo 等（2013）在美国佐治亚州的一个小流域（334 km²）结合定位观测评价了AMSR-E 土壤水分产品的校准算法。席家驹等（2014）利用观测数据在青藏高原评价了AMSR-E 的 3 种土壤水分产品（JAXA、NASA 和 VUA）的精度，分析了不同植被覆盖和降水对被动微波遥感反演土壤水分数据精度的影响，发现在平坦裸露地表被动微波遥感反演土壤湿度具有较高精度，在高密度植被区域误差较大，并且 3 种土壤湿度产品精度在降水发生时刻均有不同程度下降。但因为 AMSR-E 传感器在微波波段记录的信息受到植被和射频干扰导致的影响，从而土壤水分产品在不同区域和覆被类型下的精度均有所不同（Sun et al.，2016）。

韩斌等（2014）运用统计方法对 2013 年 11 月 1 日～2014 年 2 月 28 日时间段内MetOp-A/B 两颗卫星各自反演的全球土壤水分逐日数据进行了比较，发现两颗卫星的土壤水分产品在全球干湿状况的空间分布上不存在大范围差异，且土壤水分变化较大的区域与土壤水分湿区基本重合，变化较小的区域与干区基本重合。焦俏等（2014）在黄土高原对根据 ERS 散射数据制作的表层土壤水分产品进行校准后，得到该数据与表层实测土壤水分数据极度相关的结论。在青藏高原的研究表明，ASCAT 高估了土壤水分，但和实测土壤水分相关性很好，并且受植被影响较小（Zeng et al.，2015）。

Dente 等（2012）分别以中国玛曲地区（40 km×80 km）和荷兰特温特地区（50 km×40 km）为研究区，利用 2010 年 1～12 月的土壤水分观测值对 SMOS 遥感土壤水分产品进行了验证，发现 SMOS 产品在两个地区与实测值在季节尺度上均具有较好的一致性。dall'Amico 等（2013）在多瑙河上游选取 60 个观测区域（7 km×3 km），利用 2010 年 4～10 月的地面监测数据对 SMOS 数据进行了精度验证，结果表明，SMOS 数据与实测数据吻合度较高。Albergel 等（2011）在法国西南部选取 15 个站点（40 km²），对 2009 年4～5 月及 2010 年 4～6 月的 SMOS 遥感土壤水分产品与实测值做回归分析，发现 SMOS产品与实测值具有较好的线性关系。Zhao 等（2014）通过青藏高原土壤水分监测网络（CTP-SMTMN）数据来评价 SMOS 土壤水分产品的精度。杨娜等（2015）则选取河南省 4 个站点（43 km²），利用 2001 年、2012 年的 4 月和 8 月的点源土壤水分实测数据，对 SMOS 土壤水分产品进行了验证分析，结果表明，SMOS 土壤水分产品主要受降水频次和强度的影响，且地理位置和土壤质地对其也存在一定影响。

部分学者基于遥感产品对区域土壤水分格局演变、时空变异特征开展了一定的研究，主要有遥感产品降尺度和时空变异特征分析研究。土壤水分作为气候系统在地表和大气水、能量和碳循环中的重要变量（Ochsner et al.，2013；Robock et al.，2008；Wagner et al.，2007；Western and Blöschl，1999），在地球系统过程与反馈中扮演着重要角色（Seneviratne et al.，2010）。卫星遥感被广泛应用在估测地表土壤水分数据上，在获取全球土壤水分数据上进行了大量研究和工作，然而因为土壤水分产品大多基于微波遥感获取，分辨率较粗，不适用于作物灌溉模型和洪水预报模型，因此土壤水分数据的尺度转换是当前研究的一大热点（Peng et al.，2017）。Sánchez-Ruiz 等（2014）基于陆地表面温度（LST）—归一化植被指数（NDVI）—亮度温度（TB）的关系，采用短波红外波段而非常见的近红外波段作为反映植被的指标，进而估算植被水含量。将 SMOS 土壤水分数据集 40 km×40 km 的空间分辨率降尺度至与 MODIS 相同的分辨率（500 m×500 m），然后用西班牙 REMEDHUS 原位监测网络做验证。Yang 等（2013）在青藏高原中部那曲地区（1.0×10⁴ km²）不同空间尺度上共布设 56 个定位观测点，建立了土壤水分监测网络，结合 MODIS 表观热惯量（ATI）计算各站点 Bayesian 线性回归权重，对各站点加权线性组合求出区域平均含水量。Qin 等（2013）通过拟合土壤水分监测网络所有站点平均含水量和站点 MODIS ATI 的函数来估算区域平均土壤水分。

对基于遥感土壤水分产品的土壤水分时空变异分析进行了大量研究。胡蝶等（2015）结合 Radarsat-2/SAR 和 MODIS 数据联合反演了黄土高原地区土壤水分，认为和实地考察情况一致，能较好地反映区域土壤水分分布信息。此外，Sun 等（2016）使用原位观测数据对 AMSR-E 土壤水分数据和 CLM 模型模拟数据做对比，结果表明，CLM 模型能较好地模拟土壤水分，但低估表层土壤水，高估深层土壤水，而 AMSR-E 需要对冻结期的土壤水做改进。Djamai 等（2015）基于物理和理论尺度变化的算法（DISPATCH），利用 MODIS 数据将 SMOS 降尺度至 1 km×1 km，将其成功运用在加拿大潮湿的大草原地区。

在黑河流域上游，向怡衡等（2017）利用 36 个实测站点 2013 年 9 月～2015 年 10 月的实测土壤水分数据对 SMOS 遥感土壤水分产品进行质量评估，结果表明，SMOS 遥感土壤水分产品在研究区内是可信的，但低估了研究区土壤水分值。与相关研究进行对比发现，由于祁连山区位于干旱区，区域内广布冰川冻土和其复杂的地形条件，导致了 SMOS 产品在该地区的性能未能达到产品预期目标 0.04 m³/m³（表 5.13）。SMOS 产品对植被辐射反演效果好于土壤辐射反演效果，所以其在植被覆盖度越高的区域与实测值的拟合程度越高。同时，SMOS 产品在湿润条件下的性能优于在干旱条件下，在变异性小的地区优于在变异性大的地区。此外，由于研究区内植物生长季为夏、秋，植被覆盖度较高；降水也集中在 6～9 月，土壤较为湿润，再加上春季冰川冻土冻融作用的影响，SMOS 遥感产品与实测值拟合程度在夏、秋两季远好于春季。

表 5.13　SMOS 遥感土壤水分产品年尺度评估

植被类型	样本数	R	RMSE/（m³/m³）	Bias/（m³/m³）
草甸	338	0.318	0.113	−0.084
高覆盖度草地	1872	0.554	0.102	−0.086
低覆盖度草地	2459	0.438	0.076	−0.004
灌丛	407	0.562	0.168	−0.207
林地	453	0.623	0.078	−0.043
农田	190	0.637	0.084	−0.092
裸地	247	0.585	0.089	−0.096
总体平均值	5966	0.531	0.101	−0.087

　　Zhang 等（2017）利用黑河上游 36 个实测站点 2015 年 4 月～2017 年 6 月的实测土壤水分数据对 SMAP 遥感土壤水分产品进行质量评估。结果表明，在点尺度上，L3 和 L4 产品与实测的相关系数均通过显著性检验，能很好地反映实测土壤水分的时间变异趋势。然而，亮温 T_{Bp} 和有效温度 T_{eff} 的误差，以及其在反演算法中的传递作用，使得 L3 和 L4 产品均未达到 SMAP 产品的预期目标，无偏差均方根误差（ubRMSE）大于产品目标精度 0.04 m³/m³，亦由于上述误差及其传递作用，L3 和 L4 产品在目前所有的评估中呈现出"干误差"（dry bias）。在流域尺度上进行评估，L3 产品远超过了 SMAP 产品的预期目标，而 L4 产品刚刚达到该预期目标。在植被覆盖区域，系数 b_p 的适用性和变异性导致 L3 和 L4 产品性能为农田>林地>低覆盖度草地>高覆盖度草地>草甸>灌丛。在裸地上，地面粗糙度系数 h 的估算误差使得 SMAP 产品在复杂地形区域性能较差。

　　目前，卫星遥感土壤水分产品的应用集中在质量评估和应用分析，其中应用分析则体现在土壤水分尺度转换和时空演变方面。卫星遥感土壤水分产品尺度转换能够获取高精度、高时空分辨率的基础数据，为水文水资源模型提供数据支撑，而土壤水分的时空演变对区域生态-水文过程与水资源优化配置研究具有重要意义。

5.4　黑河上游土壤水分的遥感估算及分析

5.4.1　土壤水分的遥感估算

　　黑河上游土壤水分的遥感估算流程如图 5.3 所示。植被数据选用 MODIS NDVI 中2013 年 10 月 16 日～2016 年 9 月 29 日的 MOD13A2 产品，为 16 天合成产品，共 69 景影像。首先进行波段提取、文件格式转换、重采样和投影转换等预处理，将 69 景 NDVI 影像合成为时序数据 [彩图 12（a）]，采用非对称性高斯函数拟合法（asymmetric Gaussian function fitting method）算法进行重建，即得到植被指数季节性变化部分 NDVI_AG（Jonsson and Eklundh，2002）[彩图 12（b）]，再做原始 NDVI 时序数据和 NDVI_AG 的残差，得到随机性变化部分 NDVI_RES [彩图 12（c）]，并比较重建前后的时间序列 [彩图 12（d）]。基于 AG 拟合算法的 NDVI 时序数据重建结果（NDVI_AG）和原始 NDVI 时序数据曲线的趋势基本一致，重建结果较好，能够检测出序列中的异常高、低值点，而且对连续低值点能够进行很好的修正，从而体现出植被指数季节性变化。由此得到的季节性变化部分 NDVI_AG 和随机性变化部分 NDVI_RES 符合植被生长规律。

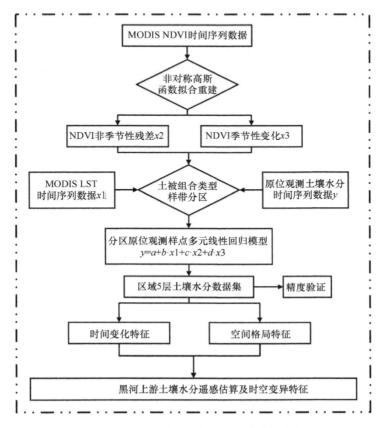

图 5.3　黑河上游土壤水分的遥感估算流程

　　假设同种土壤植被类型下土壤水分受植被变化和地表温度的影响相同。将 31 个原位观测点的土壤水分时间序列处理为与 NDVI、LST（地表温度）对应的 16 天均值，再通过多元线性回归方法，将观测土壤水分时间序列和 NDVI、LST 时序数据分 5 层分别建立回归方程。调整决定系数均大于 0，说明不存在过度拟合的情况。5 层 RMSE 均值分别接近或小于 ECH2O 的数据精度 0.03 m^3/m^3，说明土壤水分估算模型精度可靠。利用估算模型分别估算出 2013 年 10 月 16 日～2016 年 10 月 14 日 31 个分区每个像元的土壤水分值，并将其处理为一个时间序列数据集，即得到该时段内研究区 5 层土壤水分数据集。该数据集的时间分辨率为 16 天，空间分辨率为 1 km×1 km。

　　为了检验土壤水分估算模型的精度，将未用于建回归方程的 3 个站点：扁都口、大野口和康乐草原作为验证站点，利用其观测时序数据和估算得到的相应像元时序数据进行相关性检验和误差分析（表 5.14）。结果表明，相关系数为 0.541～0.894，且均方根误差为 0.0066～0.0549，均能通过 99% 置信水平的 F 检验。因此，估算结果和实测数据相关性较好，土壤水分估算模型在整体上可以较好地反映土壤干湿状况。

表 5.14　土壤水分模型估算值与验证站点实测的比较

层位	站点	样本数 N	相关系数 R	RMSE	F 统计量
0～10 cm	扁都口	48	0.6645	0.0373	36.3749**
	大野口	54	0.7247	0.0417	57.5060**
	康乐草原	54	0.6766	0.0247	43.9005**
	均值		0.6886	0.0346	45.9271**
10～20 cm	扁都口	55	0.7366	0.0255	62.8749**
	大野口	54	0.6310	0.0549	34.4064**
	康乐草原	49	0.7981	0.0127	82.4391**
	均值		0.7219	0.0310	59.9068**
20～30 cm	扁都口	55	0.7172	0.0258	56.1386**
	大野口	54	0.7455	0.0275	65.0525**
	康乐草原	54	0.8376	0.0106	122.2273**
	均值		0.7668	0.0213	81.1394**
30～50 cm	扁都口	55	0.5410	0.0339	21.9261**
	大野口	54	0.5908	0.0342	27.8885**
	康乐草原	53	0.8940	0.0066	203.0996**
	均值		0.6753	0.0249	84.3048**
50～70 cm	扁都口	30	0.5254	0.0338	10.6759**
	大野口	54	0.6441	0.0247	36.8675**
	康乐草原	54	0.8187	0.0094	105.6833**
	均值		0.6627	0.0226	51.0756**
汇总	扁都口		0.6369	0.0313	37.5981**
	大野口		0.6672	0.0366	44.3442**
	康乐草原		0.8050	0.0128	111.4700**

**表示通过置信水平为 99%的 F 检验。

5.4.2　土壤水分时间变化特征

在整个研究区内，土壤水分的变化在不同时间尺度上存在一定差异。为了对研究区土壤水分的年际、季节尺度变化特征进行概括，选用最小值、最大值、均值、中值、偏度、峰度、变异系数等经典统计学指标描述不同时间尺度的土壤水分变化特征。本书研究的土壤水分时间跨度为 2013 年 10 月 16 日～2016 年 10 月 14 日，时间分辨率为 16 天，对于年际土壤水分变化来讲，为解决 2016 年因部分数据缺失的问题，采用生长季土壤水分来反映年际尺度特征。鉴于本书研究所用 MODIS 数据时间分辨率为 16 天，结合研究区植被生长变化规律（顾娟等，2010；白晓等，2017），将生长季定为 4 月 23 日～10 月 15 日，进而对该时段土壤水分计算相应统计指标。

1）年际土壤水分整体变化特征

年际土壤水分整体变化特征是根据生长季 5 层土壤水分按土壤厚度加权平均后再统计的相应指标，最大值和最小值反映土壤水分在不同环境条件下的变化范围。从表 5.15

可以看出，2014年、2015年和2016年祁连山区土壤水分变化范围分别为0.40%～40.39%、0.38%～39.66%和 0.38%～40.74%。均值代表土壤水分在区域的整体水平，2014～2016年土壤水分均值在 95%的置信度上呈现逐年缓慢上升的趋势，分别为14.18%±0.056%、14.37%±0.057%和 14.95%±0.059%。中值反映土壤水分在区域的中间水平，不受个别极端值影响。对比中值和均值可以看出，均值均大于中值，差值为 0.65%～0.81%。与均值一致，中值呈现出 2014～2016 年逐年上升的趋势。峰度与偏度反映土壤水分在频率域上的分布状况，用来描述偏离正态分布的程度，正态分布偏度和峰度均为 0。由表 5.15 可得，与 2014 年相比，2015 年土壤水分分布更接近正态分布且土壤水分分布的偏斜程度小，极端高值少。与 2015 年相比，2016 年较偏离正态分布且土壤水分分布的偏斜程度大，极端高值多。变异系数反映土壤水分在空间分布上的变异程度，它消除了数据平均水平和量纲对变异指标的影响。2014～2016 年土壤水分变异程度差异不大，分别为 38.21%、38.23%、37.94%。其中，2015 年最大、2016 年最小。变异系数值和土壤水分变异程度成正比，当变异系数<0.1 时，表示土壤水分空间分布为弱变异；当 0.1<变异系数<1 时，表示土壤水分空间分布中等程度变异；当变异系数>1 时，表示土壤水分空间分布为强变异（郑纪勇等，2004）。因而，2014～2016 年祁连山区土壤水分均为中等程度变异。

表 5.15　年际土壤水分整体统计特征

年份	最小值/%	最大值/%	均值/%	置信度95%	中值/%	峰度	偏度	变异系数/%
2014	0.40	40.39	14.18	0.056	13.37	2.07	1.11	38.21
2015	0.38	39.66	14.37	0.057	13.72	1.58	0.93	38.23
2016	0.38	40.74	14.95	0.059	14.23	1.89	1.05	37.94

2014～2016 年研究区整体土壤水分的箱型图如图 5.4 所示。在箱子中央显示均值，外围显示最大值和最小值。所有年份箱子下边缘均和最小值重合且不为 0，表明土壤水分最小值为正常值。上边缘和最大值有一定距离，表明异常值集中在高值区，并且 2014～2016 年箱子整体上移，说明表 5.15 得出的土壤水分呈现逐年上升趋势的结论可信。

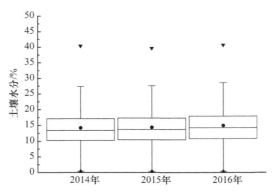

图 5.4　年际土壤水分整体变化箱型图
▼表示最大值，▲表示最小值，●表示均值

独立样本 *t* 检验结果表明（表 5.16），2014～2016 年生长季土壤水分相互之间的差异性极显著（*P*<0.001）。Pearson 相关性分析表明，2014～2016 年生长季土壤水分相互之间均为显著性相关（*P*<0.001）。原因是年际之间土壤水分整体差异显著，而由于土壤水分在时间上具有延续性，上一年土壤水分必然对下一年产生影响。

表 5.16　年际土壤水分整体 *t* 检验和 Pearson 相关性分析

年份	2014 年		2015 年		2016 年	
	t 检验特征值	相关系数	*t* 检验特征值	相关系数	*t* 检验特征值	相关系数
2014	0.000	1.000	0.000	0.990**	0.000	0.986**
2015			0.000	1.000	0.000	0.993**
2016					0.000	1.000

**表示通过 99%的显著性检验（双尾）。

2）季节土壤水分整体变化特征

根据研究区气候条件，四季按照春（3～5 月）、夏（6～8 月）、秋（9～11 月）、冬（12 月至翌年 2 月）划分。鉴于本书的研究所用 MODIS 数据的时间分辨率为 16 天，所以将四季按照春（3 月 6 日～6 月 9 日）、夏（6 月 10～8 月 28 日）、秋（8 月 29 日～12 月 2 日）、冬（12 月 3 日至翌年 3 月 5 日）划分，对 2013 年 10 月 16 日～2016 年 10 月 14 日 3 年土壤水分按季节分别计算相应的统计指标。季节土壤水分整体变化特征根据 5 层土壤水分，按土壤厚度加权平均，分别计算四季相应的统计指标。

季节土壤水分整体统计特征显示（表 5.17），祁连山区土壤水分在春夏秋冬四季的变化范围分别为 0.36%～38.14%、0.39%～43.17%、0.74%～34.81%、0.15%～25.66%。土壤水分均值在春夏秋冬呈现夏季>秋季>春季>冬季的规律，分别为 15.99%±0.061%、11.79%±0.049%、11.41%±0.051%、8.11%±0.036%。这与仅统计原位观测点的结论（白晓等，2017）一致。原因主要在于夏秋两季降水多，占全年降水量的 90%以上（王超和赵传燕，2013；王宁练等，2009），春季降水量次之，冬季最少。与年际变化特征一样，季节土壤水分均值均大于中值，差值为 0.29%～0.96%，并且土壤水分中值也呈现夏季>秋季>春季>冬季的规律，和均值一致。从峰度与偏度来看，春季偏离正态分布且土壤水分分布偏斜程度最大，夏季和秋季次之，冬季偏离正态分布且土壤水分分布偏斜程度最小。由变异系数可以得出，土壤水分空间分布变异程度春季>冬季>秋季>夏季，分别为 43.20%、42.71%、39.57%、36.51%。夏秋季节与仅统计原位观测点的结论（白晓等，2017）不一致。对于整个研究区域来讲，秋季气温变化差异较夏季大，且降水较夏季少，受其影响，土壤水分空间分布的变异程度比夏季高，春夏秋冬四季均为中等程度变异。

表 5.17　季节土壤水分整体统计特征

季节	最小值/%	最大值/%	均值/%	置信度 95%	中值/%	峰度	偏度	变异系数/%
春季	0.36	38.14	11.41	0.051	10.45	3.42	1.39	43.20
夏季	0.39	43.17	15.99	0.061	15.33	1.38	0.92	36.51
秋季	0.74	34.81	11.79	0.049	11.25	1.49	0.90	39.57
冬季	0.15	25.66	8.11	0.036	7.82	0.76	0.53	42.71

从图 5.5 中可以看出，所有季节箱子下边缘几乎均和最小值重合且不为 0，表明土壤水分低值区异常值极少。上边缘和最大值有一定距离，表明异常值集中在高值区，并且箱子在坐标系中的高度，夏季>秋季>春季>冬季，说明表 5.17 得出的季节土壤水分整体变化特征结论可信。此外，由箱子高度可以看出，土壤水分变化范围夏季最大，春季和秋季次之，冬季最小，与表 5.17 得出土壤水分变化范围结论一致。

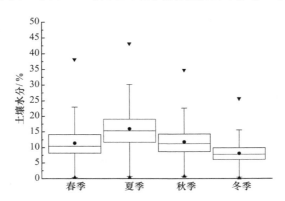

图 5.5　季节土壤水分整体变化箱型图

▼表示最大值，▲表示最小值，●表示均值

独立样本 t 检验结果表明（表 5.18），不同季节土壤水分相互之间的差异性极显著（$P<0.001$）。Pearson 相关性分析结果表明，不同季节土壤水分相互之间均显著相关（$P<0.001$），可能是因为季节之间土壤水分整体差异显著，而由于土壤水分变化在时间上具有延续性，季节过渡导致的上一季节土壤水分必然会对下一季节产生影响。

表 5.18　季节土壤水分整体 t 检验和 Pearson 相关性分析

季节	春季		夏季		秋季		冬季	
	t 检验特征值	相关系数	t 检验特征值	相关系数	t 检验特征值	相关系数	t 检验特征值	相关系数
春季	0.000	1.000	0.000	0.904**	0.000	0.957**	0.000	0.911**
夏季			0.000	1.000	0.000	0.960**	0.000	0.822**
秋季					0.000	1.000	0.000	0.935**
冬季							0.000	1.000

**表示通过 99%的显著性检验（双尾）。

从整体分布特征来看，2014～2016 年祁连山区土壤水分变化范围分别为 0.40%～40.39%、0.38%～39.66%、0.38%～40.74%，年均值呈现逐年缓慢上升趋势，变异程度则差异不大。3 年内的年际土壤水分显著相关。季节尺度上，春季、夏季、秋季、冬季祁连山区土壤水分变化范围分别为 0.36%～38.14%、0.39%～43.17%、0.74%～34.81%、0.15%～25.66%。土壤水分整体呈夏季>秋季>春季>冬季的规律，变异程度春季>冬季>秋季>夏季，季节之间显著相关。

2014～2016 年生长季土壤水分空间分布和年际变化如彩图 13 所示。2014 年生长季土壤水分均值为 14.18%，东部部分地区土壤水分高于其他地区；2015 年生长季土壤水分均值为 14.37%，东部大部、中部和西北部部分地区土壤水分较高；2016 年生长季土壤水分均值为 14.95%，东部大部、中部和西北部部分地区土壤水分较高。3 年平均土壤水分均值为 14.50%，东部大部、中部部分地区和西北部局地土壤水分较高。相较于 2014年，2015 年土壤水分全区普遍升高，变化幅度多集中在 3.01%～7.00%的升高区间上，7.01%～11.00%的升高区间次之，仅有零星地区呈现下降趋势。此外，西部局地升高幅度在 11.01%以上。与 2015 年相比，2016 年土壤水分整体变化不大，全区大部变化幅度介于 0.99%～1.00%，土壤水分下降的地区分布在中东部局地，呈现升高趋势的地区分布较分散，变化幅度基本介于 1.01%～3.00%，仅有东部和西部个别地区变化幅度大于3.01%。总体来看，东部地区土壤水分普遍高于中西部，西部地区土壤水分最低，而西部地区的土壤水分年际变化幅度普遍大于中东部。

　　2014～2016 年不同季节土壤水分空间分布如彩图 14 所示。春季土壤水分均值为11.41%，变化范围介于 0.36%～38.14%，东部部分地区土壤水分较高。夏季土壤水分均值为 15.99%，变化范围介于 0.39%～43.17%，东部大部、中部和西北部部分地区土壤水分较高。夏季较春季土壤水分普遍大幅升高。秋季土壤水分均值为 11.79%，变化范围介于 0.74%～34.81%，东部部分地区土壤水分较高，和春季类似。冬季土壤水分普遍较低，均值为 8.11%，变化范围介于 0.15%～25.66%，高值分布在东部局地。

参 考 文 献

白晓, 张兰慧, 王一博, 等. 2017. 祁连山区不同土地覆被类型下土壤水分变异特征. 水土保持研究, 24(2): 1-9.

陈亮. 2009. SMOS 土壤水分反演算法研究. 中国科学院遥感应用研究所博士学位论文.

陈书林, 刘元波, 温作民. 2012. 卫星遥感反演土壤水分研究综述. 地球科学进展, 27(11): 1192-1203.

丁永健, 叶柏生, 周文娟. 1999. 黑河流域过去 40a 来降水时空分布特征. 冰川冻土, 21(1): 42-48.

顾娟, 李新, 黄春林. 2010. 基于时序 MODIS NDVI 的黑河流域土地覆盖分类研究. 地球科学进展, 25(3): 317-326.

韩斌, 刘寿东, 詹习武, 等. 2014. MetOp-A/B 卫星 ASCAT 全球土壤水分产品对比分析. 科学技术与工程, 14(35): 171-176.

韩建平, 贾宁凤. 2010. 土地利用与地形因子关系研究——以砖窑沟流域为例. 中国生态农业学报, 18(5): 1071-1075.

胡蝶, 郭铌, 沙莎, 等. 2015. Radarsat-2/SAR 和 MODIS 数据联合反演黄土高原地区植被覆盖下土壤水分研究. 遥感技术与应用, 30(5): 860-867.

姜小光, 李召良, 习晓环, 等. 2008. 遥感真实性检验系统框架初步构想. 干旱地理, 31(4): 567-571.

焦俏, 王飞, 李锐, 等. 2014. ERS 卫星反演数据在黄土高原近地表土壤水分中的应用研究. 土壤学报, (6): 1388-1397.

李俊清, 牛树奎, 刘艳红. 2010. 森林生态学(第二版). 北京: 高等教育出版社.

邱权, 潘昕, 李吉跃, 等. 2014. 青藏高原 20 种灌木生长时期根系特征及抗旱性初探. 中南林业科技大学学报, 03: 29-37.

邱扬, 傅伯杰, 王军, 等. 2001. 黄土丘陵小流域土壤水分的空间异质性及其影响因子. 应用生态学报, 1(5): 715-720.

王超, 赵传燕. 2013. TRMM 多卫星资料在黑河上游降水时空特征研究中的应用. 自然资源学报, 28(5): 862-872.

王迪海, 赵忠, 张彦. 2012. 黄土高原刺槐细根与土壤水分特征. 西北林学院学报, 01: 1-5.

王根绪, 沈永平, 钱鞠, 等. 2003. 高寒草地植被覆盖变化对土壤水分循环影响研究. 冰川冻土, 25(6): 653-659.

王军德, 王根绪, 陈玲. 2006. 高寒草甸土壤水分的影响因子及其空间变异研究. 冰川冻土, (3): 428-433.

王宁练, 贺建桥, 蒋熹, 等. 2009. 祁连山中段北坡最大降水高度带观测与研究. 冰川冻土, 31(3): 395-403.

席家驹, 文军, 田辉, 等. 2014. AMSR-E 遥感土壤湿度产品在青藏高原地区的适用性. 农业工程学报, 13: 194-202.

向怡衡, 张明敏, 张兰慧, 等. 2017. 祁连山区不同植被类型上的 SMOS 遥感土壤水分产品质量评估. 遥感技术与应用, 32(5): 835-843.

杨娜, 崔慧珍, 向峰. 2015. SMOS L2 土壤水分数据产品在我国农区的验证. 河南理工大学学报, 34(2): 287-291.

姚雪玲, 傅伯杰, 吕一河. 2012. 黄土丘陵沟壑区坡面尺度土壤水分空间变异及影响因子. 生态学报, 32(16): 4961-4968.

余新晓, 甘敬. 2007. 水源涵养林研究与示范. 北京: 中国林业出版社.

张杰, 李栋梁. 2004. 祁连山及黑河流域降雨量的分布特征分析. 高原气象, 23(1): 81-88.

张仁华, 田静, 李召良, 等. 2010. 定量遥感产品真实性检验的基础与方法. 中国科学地球科学, 40(2): 211-222.

赵杰鹏, 张显峰, 廖春华, 等. 2011. 基于 TVDI 的大范围干旱区土壤水分遥感反演模型究. 遥感技术与应用, 26(6): 742-750.

郑纪勇, 邵明安, 张兴昌. 2004. 黄土区坡面表层土壤容重和饱和导水率空间变异特征. 水土保持学报, 18(3): 53-56.

Albergel C, Zakharova E A, Calvet J C, et al. 2011. A first assessment of the SMOS data in southwestern France using in situ and airborne soil moisture estimates: the CAROLS airborne campaign. Remote Sensing of Environment, 115(10): 2718-2728.

Bourennane H, King D, Chery P, et al. 1996. Improving the kriging of a soil variable using slope gradient as external drift. European Journal of Soil Science, 47: 473-483.

Burrough P A, McDonnell R A, Lioyd C D. 1998. Principles of Geographical Information Systems. New York: Oxford University Press.

Choi M, Jacobs J M. 2007. Soil moisture variability of root zone profiles within SMEX02 remote sensing footprints. Advances in Water Resources, 30: 883-896.

dall'Amico J T, Schlenz F, Loew A, et al. 2013. The SMOS validation campaign 2010 in the Upper Danube Catchment: a data set for studies of soil moisture, brightness temperature, and their spatial variability over a heterogeneous land surface. IEEE Transactions on Geoscience and Remote Sensing, 51(1): 364-377.

Dente L, Su Z B, Wen J. 2012. Validation of SMOS soil moisture products over the maqu and twente regions Sensors, 12(8): 9965-9986.

Djamai N, Magagi R, Goita K, et al. 2015. Disaggregation of SMOS soil moisture over the Canadian Prairies. Remote Sensing of Environment, 170(255): 255-268.

Entekhabi D, Njoku E G, Neill P E O, et al. 2010. The soil moisture active passive(SMAP)mission. Proceedings of the IEEE, 98(5): 704-716.

Entin J K, Robock A, Vinnikov K Y, et al. 2000. Temporal and spatial scales of observed soil moisture variations in the extratropics. Journal of Geophysical Research, 105: 865-877.

Famiglietti J S, Rudnicki J W, Rodell M. 1998. Variability in surface moisture content along a hillslope transect: Rattlesnake Hill, Texas. Journal of Hydrology, 210: 259-281.

Gómez-Plaza A, Martínez-Mena M, Albaladejo J, et al. 2001. Factors regulating spatial distribution of soil water content in small semiarid catchment. Journal of Hydrology, 253: 211-226.

Jonsson P, Eklundh L. 2002. Seasonality extraction by function fitting to time-series of satellite sensor data. Geoscience & Remote Sensing IEEE Transactions on, 40(8): 1824-1832.

Kerr Y H, Waldteufel P, Wigneron J P, et al. 2010. The SMOS mission: new tool for monitoring key elements of the global water cycle. Proceedings of the IEEE, 98(5): 666-687.

King D, Bourennane H, Isambert M, et al. 1999. Relationship of the presence of a non-calcareous clay-loam horizon to DEM attributes in a gently sloping area. Geoderma, 89: 95-111.

Liu Y Y, Dorigo W A, Parinussa R M, et al. 2012. Trend-preserving blending of passive and active microwave soil moisture retrievals. Remote Sensing of Environment, 123(3): 280-297.

Merlin O, Rudiger C, Al Bitar A, et al. 2012. Disaggregation of SMOS soil moisture in southeastern Australia. IEEE Transactions on Geoscience and Remote Sensing, 50(5): 1556-1571.

Moore I D, Burch G J, Mackenzie D H. 1988. Topographic effects on the distribution of surface soil water and the location of ephemeral gullies. Transactions of the Asae, 31: 1098-1107.

Njoku E G, Chan S K. 2006. Vegetation and surface roughness effects on AMSR-E land observations. Remote Sensing of Environment, 100(2): 190-199.

Njoku E G, Jackson T J, Lakshmi V, et al. 2003. Soil moisture retrieval from AMSR-E. IEEE Transactions on Geoscience & Remote Sensing, 41(2): 215-229.

Ochsner T E, Cosh M H, Cuenca R H, et al. 2013. State of the art in large-scale soil moisture monitoring. Soil Science Society of America Journal, 77(6): 1888-1919.

Paruelo J M, Sala O E. 1995. Water losses in the Patagonian steppe: a modeling approach. Ecology, 76: 510-520.

Peng B, Zhao T, Shi J, et al. 2017. Reappraisal of the roughness effect parameterization schemes for L-band radiometry over bare soil. Remote Sensing of Environment, 199: 63-77.

Penna D, Borga M, Norbiato D, et al. 2009. Hillslope scale soil moisture variability in a steep alpine terrain. Journal of Hydrology, 363: 311-327.

Qin J, Yang K, Lu N, Chen Y Y, et al. 2013. Spatial upscaling of in-situ soil moisture measurements based on MODIS-derived apparent thermal inertia. Remote Sensing of Environment, 138(6): 1-9.

Qiu Y, Fu B J, Wang J, et al. 2001. Spatial variability of soil moisture content and its relation to environmental induces in a semi-arid gully catchment of the loess plateau, China. Journal of Arid Environment, 49: 723-750.

Robock A, Vinnikov K Y, Srinivasan G, et al. 2008. The global soil moisture data bank. Bulletin of the American Meteorological Society, 81(6): 1281-1300.

Sahoo A K, Lannoy G J M D, Reichle R H, et al. 2013. Assimilation and downscaling of satellite observed soil moisture over the Little River Experimental Watershed in Georgia, USA. Advances in Water Resources, 52(2): 19-33.

Sánchez-Ruiz S, Piles M, Sánchez N, et al. 2014. Combining SMOS with visible and near/shortwave/thermal infrared satellite data for high resolution soil moisture estimates. Journal of Hydrology, 516(4): 273-283.

Seneviratne S I, Corti T, Davin E L, et al. 2010. Investigating soil moisture~climate interactions in a changing climate: a review. Earth~Science Reviews, 99(3-4): 125-161.

Sun S B, Chen B Z, Chen J, et al. 2016. Comparison of remotely-sensed and modeled soil moisture using CLM4.0 with in situ measurements in the central Tibetan Plateau area. Cold Regions Science & Technology, 129: 31-44.

Tuttle S E, Salvucci G D. 2014. A new approach for validating satellite estimates of soil moisture using large-scale precipitation: comparing AMSR-E products. Remote Sensing of Environment, 142(3): 207-222.

Vinnikov K Y, Robock A, Qiu S, et al. 1999. Optimal design of surface networks of observation of soil moisture. Journal of Geophysical Research, 104: 19743-19749.

Wagner W, Bloschl G, Pampaloni P, et al. 2007. Operational readiness of microwave remote sensing of soil moisture for hydrologic applications. Water Policy, 38(1): 1-20.

Western A W, Blöschl G. 1999. On the spatial scaling of soil moisture. Journal of Hydrology, 217(3-4): 203-224.

Yang K, Qin J, Zhao L, et al. 2013. A multiscale soil moisture and freeze-thaw monitoring network on the third pole. Bulletin of the American Meteorological Society, 94: 1907-1916.

Zeng J Y, Li Z, Chen Q, et al. 2015. Evaluation of remotely sensed and reanalysis soil moisture products over the Tibetan Plateau using in-situ observations. Remote Sensing of Environment, 163: 91-110.

Zhang L H, He C S, Zhang M M. 2017. Multi-scale evaluation of the SMAP product using sparse in situ network over a high mountainous watershed, Northwest China. Remote Sensing, 9(11): 1111-1132.

Zhao L, Yang K, Qin J, et al. 2014. The scale-dependence of SMOS soil moisture accuracy and its improvement through land data assimilation in the central Tibetan Plateau. Remote Sensing of Environment, 152: 345-355.

第 6 章　黑河上游流域水文过程模拟

黑河流域作为我国第二大内陆河流域，具有复杂的生态-水文过程，并且极易受气候变化与人类活动扰动，开展黑河流域的水文和生态过程模拟，对解决黑河流域严峻的水问题和生态环境问题具有十分重要的意义。随着遥感和 GIS 技术的发展，借助地理信息技术开展黑河流域上游水文过程的模拟，有助于深入理解黑河上游的生态、水文要素的变化规律，为制定和实施有效的水资源管理政策提供重要的支持。本章通过干旱指数指标、SWAT 模型、DLBRM 模型，以及 MODFLOW（the modular finite-difference groundwater flow model）模型等对黑河流域的水文、生态过程进行模拟分析，揭示了黑河流域的水文、生态要素的多尺度变化特征。

6.1　黑河上游干旱评估

6.1.1　标准化降水指数

1. 标准化降水指数简介

不同时空尺度上的降水量很难相互比较，且降水分布不是正态分布而是一种偏态分布，因而在干旱的监测、评估中常采用 Γ 分布概率来描述降水的变化。标准化降水指数（standard precipitation index，SPI）是通过计算时段内降水量的 Γ 分布累积概率 $H(x)$，再将累积概率标准化而得的（李伟光等，2009；韩海涛等，2009）。假设某一时段的降水量为 x，则其 Γ 分布的概率密度函数 $f(x)$ 为

$$f(x) = \frac{1}{\beta^\alpha \Gamma(\alpha)} x^{\alpha-1} \mathrm{e}^{-x/\beta} \quad (x>0) \tag{6.1}$$

$$\Gamma(\alpha) = \int_0^\infty x^{\alpha-1} \mathrm{e}^{-x} \mathrm{d}x \tag{6.2}$$

式中，α 为形状参数；β 为尺度参数；x 为降水量；$\Gamma(\alpha)$ 为 Gamma 函数。其中，α，β 可用极大似然估计法得出，具体公式如式（6.3）～式（6.5）所示：

$$\beta = \bar{x} / \alpha \tag{6.3}$$

$$\alpha = \frac{1 + \sqrt{1 + 4A/3}}{4A} \tag{6.4}$$

$$A = \log \bar{x} - \frac{1}{n} \sum_{i=1}^n \log x_i \tag{6.5}$$

式中，x_i 为降水量资料的样本；$\bar{x}$ 为降水量的平均值；n 为计算序列的长度。

根据式（6.1）～式（6.2）可知，给定时间尺度的累积概率 $F(x)$ 计算公式如式（6.6）所示：

$$F(x) = \int_0^\infty f(x)\mathrm{d}x = \frac{1}{\hat{\beta}^{\hat{\alpha}}\Gamma(\hat{\alpha})}\int_0^x x^{\hat{\alpha}-1}\mathrm{e}^{-x/\hat{\beta}}\mathrm{d}x \qquad (6.6)$$

由于 Gamma 方程中不包含 $x=0$ 的情况，而实际的降水量可以为 0，所以累积概率 $H(x)$ 如式（6.7）所示：

$$H(x = 0) = m/n \qquad (6.7)$$

式中，m 为降水时间序列中降水量为 0 的个数；n 为总样本数。

将累积概率 $H(x)$ 转换为标准正态分布函数，即可获得 SPI 的计算方法：

当 $0 < H(x) \leqslant 0.5$ 时，

$$t = \sqrt{\ln\frac{1}{H(x)^2}} \qquad (6.8)$$

$$\mathrm{SPI} = -\left(t - \frac{c_0 + c_1 t + c_2 t^2}{1 + d_1 t + d_2 t^2 + d_3 t^3}\right) \qquad (6.9)$$

当 $0.5 < H(x) \leqslant 1$ 时，

$$t = \sqrt{\ln\left\{\frac{1}{[1.0 - H(x)]^2}\right\}} \qquad (6.10)$$

$$\mathrm{SPI} = \left(t - \frac{c_0 + c_1 t + c_2 t^2}{1 + d_1 t + d_2 t^2 + d_3 t^3}\right) \qquad (6.11)$$

式中，c_0 为 2.5151；c_1 为 0.0802853；c_2 为 0.010328；d_1 为 1.432788；d_2 为 0.18926；d_3 为 0.00130（李伟光等，2009；韩海涛等，2009）。

根据 SPI 值划分干旱等级，见表 6.1（Hayes et al., 1999）。本书的研究利用祁连、野牛沟、托勒及肃南的降水观测资料，在 MATLAB 中分尺度计算出 SPI 值，用以分析 SPI 对干旱监测的准确性，以及干旱的时间、空间变化特征。

表 6.1 SPI 的旱涝等级

等级	SPI 值	类型
1	SPI>2.0	重涝
2	1.5<SPI<2.0	中涝
3	1.0<SPI<1.5	轻涝
4	−1.0<SPI<1.0	正常
5	−1.5<SPI<−1.0	轻旱
6	−2.0<SPI<−1.5	中旱
7	SPI<−2.0	重旱

2. 黑河上游 SPI 时空变化特征

　　区域干旱存在两种情况：一是短期降水不足导致土壤水分短缺；二是长期降水不足导致土壤水分的补给缺乏（袁文平和周广胜，2004）。前一种情况可通过有效的降水得以解除干旱，如雨季的干旱；而后一种情况往往代表的是旱季干旱。选取适宜的时间尺度能够提高 SPI 指标判断干旱的准确性与及时性。本书的研究采用月 SPI（1 个月）、季节 SPI（3 个月）与年 SPI（12 个月）进行分析。月 SPI 能够准确地反映土壤水分的变化状况，年 SPI 能够很好地反映地下水含量、河川径流量及水库蓄水量的情况（袁文平和周广胜，2004）。

　　通过查阅历史旱情资料得知，黑河上游 1971 年、1986 年及 1997 年均发生了大范围的干旱（李克让，1999；董安祥，2005；张海仑，1997）。如图 6.1 所示，根据 4 个气象站数据进行计算，月 SPI 值均能准确地反映这 3 次干旱，季节 SPI 值仅能反映其中两次干旱，而年 SPI 值则仅能反映其中一次干旱。此外，不同尺度 SPI 值反映的干旱程度也有差异。与月尺度相比，季节尺度的 SPI 值忽略了季节内的降水分配，可能为某个月干旱而下个月存在降水，此类中和或累积作用无法体现干旱细节。同样的，年尺度上的 SPI 值反映的是干旱的年际变化（蒋忆文等，2014），无法体现干旱在月尺度或季节尺度的细节。因而，月尺度是黑河上游 SPI 评估干旱的最适宜尺度。除了肃南站，其他 3 个站 1968～2009 年干旱发生的次数减少，干旱强度逐年减弱，降水量处于增加的趋势。

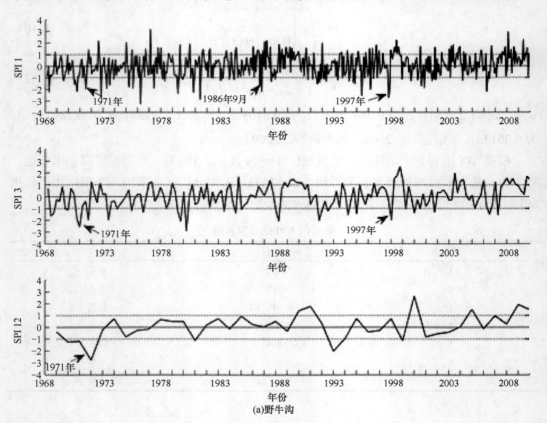

(a)野牛沟

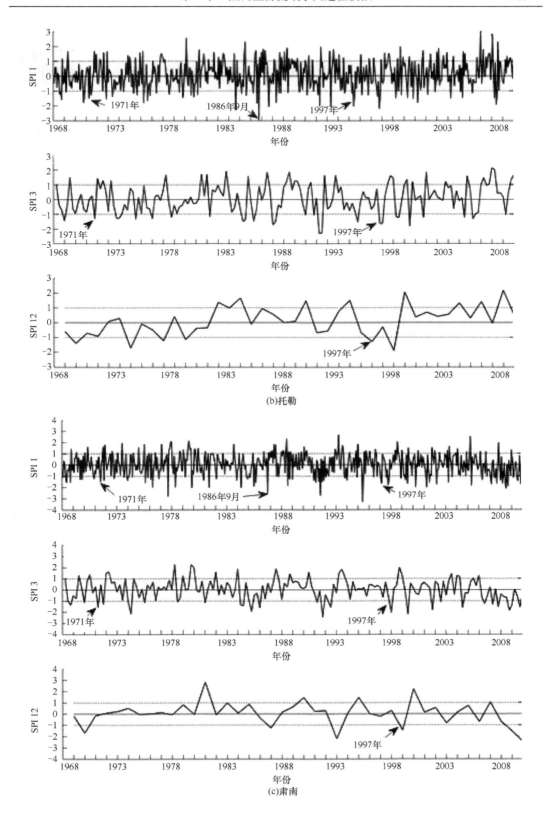

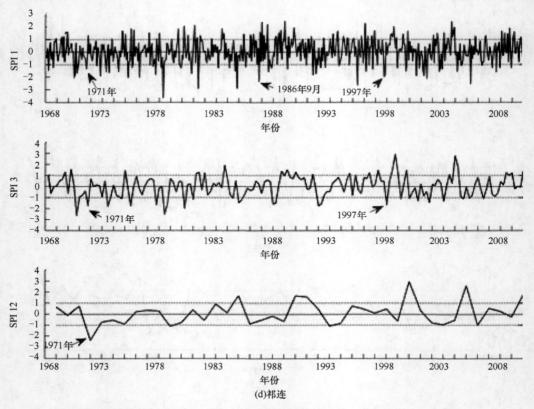

图 6.1 1968～2009 年不同气象站多时间尺度 SPI 值（蒋忆文等，2014）

SPI1、SPI3、SPI12 分别为月尺度（1 个月）、季节尺度（3 个月）与年尺度（12 个月）的 SPI 值

在年尺度上进行评估，1997 年托勒和肃南都显示出了干旱，但是祁连与野牛沟却未显示干旱。这是由于黑河上游地形复杂多变，干旱存在空间异质性。同时，各站在 1976 年月尺度上都显示出了干旱，但历史上没有记录。这主要是由于各站的干旱都发生在 3 月，其他月份降水充足，将干旱进行了缓解。如图 6.2 所示，4 个气象站在反映干旱及湿润趋势上具有较好的一致性，各站均在 3 月达到最干旱。然而，前期 2 月降水充足，后期各月的降水也较多，从而缓解了此次干旱（蒋忆文等，2014）。

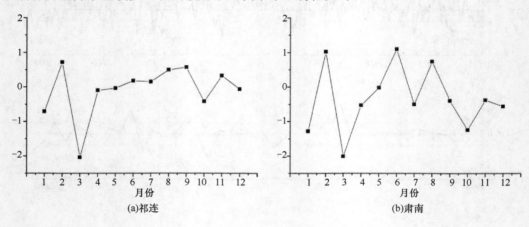

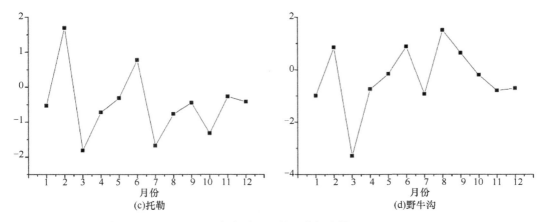

图 6.2　1976 年各站 SPI 值（蒋忆文等，2014）

对 1971 年、1986 年 9 月及 1997 年的干旱分别进行空间分析，得出各次干旱在整个黑河上游的分布情况（彩图 15～彩图 17）。1971 年干旱主要分布在黑河上游的东部，以野牛沟与祁连为代表，干旱最为严重，而西部则属于干旱较轻的区域，部分地区未发生干旱。1986 年 9 月发生的干旱较为严重，整个黑河上游都属于严重干旱区域，尤以西部地区最为严重。1997 年的干旱也发生在整个黑河上游，黑河上游都受到了不同程度的干旱灾害。其中，中部地区干旱最为严重，东部及西部相对较轻。通过对干旱进行空间分析，得到干旱的空间分布情况，各个地区可针对当地的干旱状况采取相对应的措施。

6.1.2　水文干旱指数

1. 水文干旱指数简介

水文干旱指数计算公式（李克让等，1999）如式（6.12）所示：

$$d_i = \frac{E_P}{P - R_S} \tag{6.12}$$

式中，E_P 为潜在蒸散发；P 为降水量；R_S 为地表径流；d_i 为水文干湿指数。d_i 大于 5 表示极度干旱，位于[4，5]表示严重干旱，位于[2，3]表示中度干旱，位于[1，2]表示轻微干旱。

本书的研究主要采用黑河上游 3 个水文站（祁连、托勒和肃南）1986～1987 年与1994～2000 年逐日径流资料、蒸散发资料及降水资料，分别在年和月尺度上计算水文干旱指数。首先，利用 ArcSWAT 模型当中的子流域划分模块，基于 DEM 数据划分子流域，分别划分出札马什克、祁连及莺落峡 3 个水文站所控制的子流域（图 6.3），据其面积得到各子流域的径流深。同时，采用 E601 型蒸发器测得的蒸发资料表征流域的潜在蒸发状况（陈仁升等，2006）。利用黑河上游已有数据资料的水文站点与气象站点，应用 ArcGIS10.0 空间插值子模块中的克里金插值与反距离加权插值法，对降水、气温进行插值和蒸散发进行插值（姜晓剑等，2010；牟乃夏等，2012）。其中，降水插值采用了野牛沟、肃南、托勒等 25 个站点（大部分站点位于研究区域内，极个别位于研究区边缘）数据，蒸发插值采用了肃南、札马什克等 10 个水文站点数据。最后在各子流域上分别计算水文干旱指数。

图 6.3　子流域划分（蒋忆文等，2014）

2. 水文干旱指数时空变化特征

根据气象干旱指数的显示及历史资料记载，1997 年发生了较为严重的干旱。基于已有数据，同时考虑到水文干旱可能滞后于气象干旱，以 1997 年为基准年，前后分别延长 3 年求得 1994～2000 年的水文干旱。如图 6.4 所示，野牛沟、八宝河及莺落峡 3 个子流域都在 1997 年发生了严重干旱，说明水文干旱指数在年尺度上能够准确及时地反映

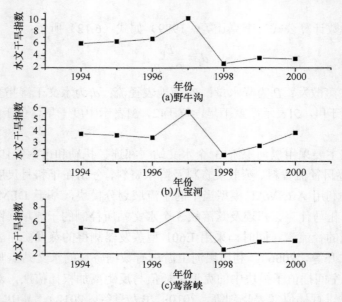

图 6.4　1994～2000 年各子流域年尺度上的水文干旱指数（蒋忆文等，2014）

干旱。同时，各站的水文干旱指数在年尺度上都显示出了很好的一致性。从干旱程度上来看，野牛沟的干旱最严重，八宝河的干旱最轻，而莺落峡的干旱程度介于二者中间。这是由于莺落峡是上游干流的出口，野牛沟与八宝河等汇流最后到达莺落峡出山口，二者相互作用之后的结果（蒋忆文等，2014）。

　　记载显示，1986 年 9 月也发生干旱。以 9 月为典型月，前后拓展月份，求出 1986年 4 月到 1987 年 8 月的月水文干旱指数。如图 6.5 所示，野牛沟流域、八宝河流域及莺落峡流域都在 1987 年 2 月达到干旱，3 个子流域存在一致性，同时在年内变化上也有较好的一致性。从干旱的严重程度来看，莺落峡最干旱，其次是野牛沟，八宝河相对较轻。

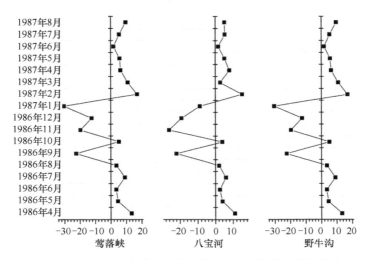

图 6.5　1986～1987 年各子流域月尺度上的水文干旱指数（蒋忆文等，2014）

6.1.3　帕默尔干旱指数（PDSI）

1. PDSI 简介

　　帕默尔将干旱定义为数月或数年内，一个地区的实际水分供给持续低于气候上所期望的水分供给的现象，即干旱指数是水分亏缺量与持续时间的函数（刘庚山等，2004；Palmer，1965），其计算流程如下。首先，计算特定时段达到气候上适宜时的降水量 $\hat{P}_i$ 与实际降水量 P_i 的差值 d_i（刘庚山等，2004）。

$$d_i = P_i - \hat{P}_i \tag{6.13}$$

式中，i 为第 i 时段，一般以月为单位计算；$\hat{P}_i$ 为在第 i 时段达到气候上适宜时的降水量，计算公式如式（6.14）所示：

$$\hat{P}_i = \alpha \times PE_i + \beta \times PR_i + \gamma \times PRO_i + \delta \times PL_i \tag{6.14}$$

式中，PE_i，PR_i，PRO_i，PL_i 分别为第 i 时段的可能蒸散量、土壤达到田间持水量所需要补充的水分量、可能径流量（土壤田间持水量与可能补充量之差）和可能土壤水损失量

（土壤表层和土壤下层水分散失量之和）；α，β，δ，γ 则分别为蒸散发系数、补充系数、径流系数和散失系数。

水分距平 d 求出后，将其与指定地点给定月份的气候权重系数 K 相乘，得到表明水分盈亏程度的水分异常指数 Z（刘庚山等，2004）：

$$Z_i = K_i d_i \tag{6.15}$$

$$K_i = \frac{\overline{PE_i} + \overline{R_i}}{\overline{P_i} + \overline{L_i}} \tag{6.16}$$

式中，K_i 为 i 月的气候特征系数；Z 为给定地点、给定月份的实际气候干湿状况与其多年平均水分状态的偏离程度；$\overline{PE_i} + \overline{R_i}$ 为第 i 月平均可能蒸散和补水量之和；$\overline{P_i} + \overline{L_i}$ 为第 i 月平均降水量和失水量之和，表示平均水分供应。

最后，计算 PDSI，公式如式（6.17）所示（安顺清和邢久星，1985）：

$$x_i = z_i / 57.136 + 0.805 x_{i-1} \tag{6.17}$$

式中，x_i 为第 i 月的 PDSI；x_{i-1} 为第 $i-1$ 月的 PDSI；z_i 为当月水分距平指数值。PDSI 的干旱分级见表 6.2。

表 6.2　PDSI 等级划分

等级	PDSI
极端湿润	$\geqslant 4.00$
严重湿润	$3.00 \sim 3.99$
中等湿润	$2.00 \sim 2.99$
轻微湿润	$1.00 \sim 1.99$
正常	$-0.99 \sim 0.99$
轻微干旱	$-1.99 \sim -1.00$
中等干旱	$-2.99 \sim -2.00$
严重干旱	$-3.99 \sim -3.00$
极端干旱	$\leqslant -4.00$

2. 黑河上游 PDSI 特征

1960～2009 年黑河上游逐月 PDSI 变化如图 6.6 所示。黑河上游容易发生干旱灾害，1960～2009 年，有多个时段处于干旱期，持续时间均在半年以上（表 6.3）。其中，1961 年 8 月～1963 年 10 月干旱持续时间最长，为 27 个月。1970 年 6 月～1971 年 8 月干旱强度最大，在此期间上游 4 个站均有极端干旱事件出现，野牛沟站连续 14 个月出现极端干旱，祁连站和托勒站分别有 12 个月和 7 个月出现极端干旱。如图 6.7 所示，每 5 年的降水量平均值显示，黑河上游在 1980～1989 年与 2005～2009 年为降水偏丰期，1960～1974 年为偏枯期。降水变化直接影响当地的干旱情况，因而上游影响较大的干旱期多集中在 1970～1974 年。

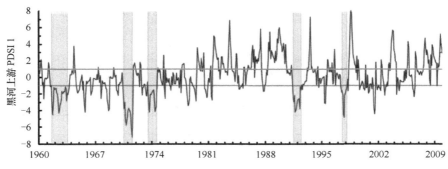

图 6.6　1960～2009 年黑河上游逐月 PDSI 值

阴影部分为黑河上游主要干旱时期

表 6.3　1960～2009 年黑河上游主要干旱期

起止时间	历时/月	PDSI 最小值	最小值出现时间
1961 年 8 月～1963 年 10 月	27	−4.47	1961 年 9 月
1970 年 6 月～1971 年 8 月	15	−7.18	1971 年 7 月
1973 年 7 月～1974 年 8 月	14	−4.17	1973 年 9 月
1991 年 6 月～1992 年 6 月	12	−4.15	1991 年 9 月
1997 年 5 月～1998 年 2 月	10	−4.83	1997 年 10 月

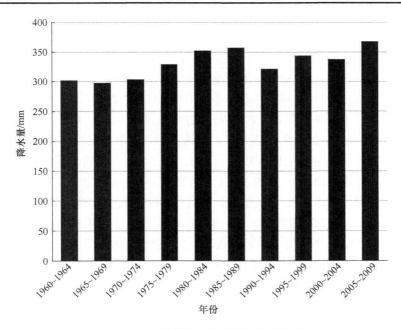

图 6.7　黑河上游每 5 年平均降水量统计

　　根据各站的 PDSI 值,统计黑河上游及各站在不同季节发生轻微干旱、中等干旱、严重干旱和极端干旱的频数(表 6.4)。黑河上游各站春季和冬季容易发生轻微干旱和中等干旱,夏季和秋季容易发生严重干旱和极端干旱。黑河上游 50 年来春季、夏季、秋季和冬季平均降水量分别为 52.50 mm、217.75 mm、57.44 mm 和 4.37 mm。虽然夏秋两季降水量占全年降水量的 82.87%，但气温也比较高，高温引起蒸散量远大于降水量，容易引发严重干旱。因此，在所有严重干旱事件中，夏秋两季所发生的严重干旱事件占全年发生严重干旱事件的 79.82%。其中，托勒站出现上述情形的频率最高，大约为 89.66%；祁连站发生严重干旱和极端干旱事件的频率最低，大约为 67.75%。

表 6.4　各站四季干旱次数频率统计

站点	春季				夏季				秋季				冬季			
	微	中	严	极	微	中	严	极	微	中	严	极	微	中	严	极
祁连站	6	4	3	2	3	5	4	6	7	5	5	6	7	1	5	0
托勒站	8	8	3	0	2	4	7	6	1	3	4	9	8	9	0	0
肃南站	12	3	1	2	4	6	4	6	13	4	4	5	4	5	0	0
野牛沟站	7	2	0	2	3	2	3	5	4	3	3	5	4	1	0	3

注：微、中、严、极分别表示发生轻微干旱、中等干旱、严重干旱及极端干旱的频率。

6.1.4　干旱指数对比分析

SPI 与水文干旱指数均能准确又及时地反映干旱，其对干旱具有敏感性。在年尺度上，SPI 和 PDSI 与水文干旱指数反映干旱具有较好的一致性，如 1977 年的干旱。而在月尺度上，水文干旱比 SPI 和 PDSI 滞后。例如，1986 年 9 月气象干旱，水文干旱到了 1987 年 2 月，水文干旱与 SPI 指数相比滞后 4 个月。这是由于降水到径流形成，再通过坡面汇流、河网汇流至流域出口断面需要很长时间。SPI 与水文干旱的空间分布状况也具有较好的一致性。例如，1997 年的干旱，SPI 是以野牛沟与肃南为中心的区域干旱最严重，同样的，水文干旱也是以野牛沟子流域的干旱程度最为严重。1986 年 9 月的干旱，整个黑河上游都属于严重干旱区，尤其以西部严重，野牛沟与祁连的干旱程度比较接近；1987 年 2 月的水文干旱也发生在整个黑河上游区域，属于干旱程度较为严重的一次，其中野牛沟与八宝河的干旱程度比较接近。由此可见，两次干旱的空间分布状况具有较好的一致性（蒋忆文等，2014）。因此，SPI 和水文干旱指数在年尺度和空间上具有很好的一致性，但是在月尺度上，水文干旱指数相对于 SPI 而言存在滞后性。

为了更好地认识 PDSI 指数和 SPI 指数的特征，本书分别对 PDSI 指数和 SPI 指数进行滞后相关分析。如图 6.8 所示，纵坐标代表相关系数，相关系数等于 0.28 表示达到 95% 置信度检验水平。由图 6.8 可知，当月 PDSI 指数与其前后 1 个月、2 个月 PDSI 指数的相关性很高，远超过 95% 置信度检验水平。而 SPI 指数和其前后 1 个月、2 个月 SPI 指数几乎没有关系，均未通过显著性检验。由于 PDSI 指数在计算过程中引入了水量平衡概念，综合考虑了前期降水、水分需求、实际蒸散量和潜在蒸散量等要素（袁文平和周广胜，2004），所以它能反映出干旱的累积效应，持续性较高。而 SPI 在短时间尺度内没有考虑到前期降水的影响，因此出现很强的随机性，各月间变化较大。当时间尺度较大时，SPI 指数由当前降水量和前期降水量的和来计算，并且前期降水的时段长，随着时间尺度的增加而增加（杨晓静等，2014）。因而，PDSI 指数具有较高的持续性而 SPI 随机性较强。

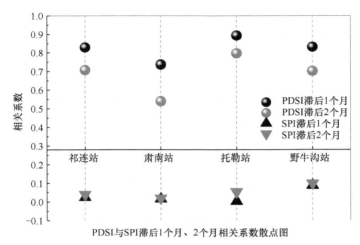

图 6.8　PDSI 指数与 SPI 指数滞后 1 个月、2 个月的相关图

高于横线（相关系数等于 0.28 处）表示 PDSI 和 SPI 的相关性已通过 95%置信度检验水平，低于横线表示 PDSI
和 SPI 的相关性未通过 95%置信度检验水平

　　总的来说，水文干旱指数对干旱具有敏感性，能够有效地对干旱进行检测。但是在月尺度上，水文干旱指数显示出的干旱时间相对 SPI 指数而言存在一定的滞后性。而 SPI 对水分支出和地表水平衡反映的不足，使其难以反映干旱的内在机理，对干旱反映的持续性较差。PDSI 指数在计算过程中引入了水量平衡概念，更加适用于反映黑河上游地区的干旱变化特征。

6.2　黑河流域植被生态系统生产力的遥感模拟

　　植被生态系统是连接地球圈层的重要部分，植被生产力是人类生活所需食物、原料及燃料的来源，植物通过光合作用将太阳能固定并转化为植物生物量。单位时间和单位面积上，绿色植物通过光合作用产生的全部的有机物同化量，即光合总量，叫总初级生产力（gross primary productivity，GPP）。净初级生产力（net primary productivity，NPP）则是从光合作用所产生的有机质总量中扣除自养呼吸后的剩余部分。陆地生态系统根据其 NPP 的变化来影响水文及生物地球化学过程，其在全球碳循环和水循环中发挥非常重要的作用，已经成为全球变化研究的核心内容之一。

　　利用计算机模型在区域和全球尺度上估算陆地植被的生产力已成为一种重要而且被大多数学者所接受的研究方法，空间遥感技术的发展为植被和生态过程研究提供了强有力的工具。根据各种调控因子的侧重点，以及对 NPP 调控机理的解释，现有 NPP 模型可大体分为 3 类，即传统的气候相关统计模型、生态系统过程模型和光能利用率模型（Ruimy and Saugier，1994；孙睿和朱启疆，1999）。气候相关统计模型利用气候因子来估算植被净初级生产力。生态系统过程模型则利用植物生理、生态学原理来研究植物生产力，具有坚实的理论基础。但由于过程模型需要较多的参数，在区域尺度开展植被净初级生产力仍面临很多的困难。光能利用率模型是基于资源平衡的观点（Field et al.，

1995），认为任何对植物生长起限制性的资源（如水、氮、光照等）均可用于 NPP 的估算。以此为基础，Monteith 首先提出用植被所吸收的光合有效辐射和光能转化率来计算NPP（Monteith，1972；Monteith and Moss，1977），通过研究发现，NPP 与基于植被吸收的光合有效辐射（absorbed photosynthetically active radiation，APAR）之间存在着稳定的关系，即当水分和肥料处在最适合的条件下，农作物的 NPP 与 APAR 具有很强的线性相关性。其中，影响 APAR 的两个主要因素是气象胁迫因子和生态胁迫因子。Heimann和 Keeling（1989）首次发表了基于 APAR 进行计算的全球 NPP 模型，模型中对于全球不同生物区和季节的光能转化率取恒定值。Potter 等（1993）在此基础上建立了 CASA（Carnegie Ames-Stanford Approach）模型，实现了基于光能利用率原理的陆地净初级生产力全球估算。光能利用率模型直接利用遥感数据和方法，而遥感具有周期性强和观测面广的特点，因而极大地提高了该类模型的时空分辨率，使大范围的 NPP 估算及其时空动态监测成为可能。国内外已经开展了很多利用 CASA 模型，开展植被 NPP 及其与全球变化关系的研究（朴世龙等，2001；朱文泉，2005）。Xiao 等（2005）利用基于遥感的 NPP 估算模型估算了热带雨林地区的植被 NPP，并分析了 NPP 的时空变化特征。朴世龙等（2001）应用 CASA 模型估算了我国陆域的植被 NPP。卢玲等（2005）利用基于 Monteith 光能利用率理论的碳通量估算模型 C-FIX、1 km×1 km 的逐旬SPOT/VEGETATION 遥感数据和全球 1.5°×1.5°格网化逐日气象数据，估算了 2002 年中国西部地区陆地植被 NPP，并对西部地区植被 NPP 的空间分布格局、季节变化及不同土地利用类型植被的 NPP 总量和平均生产力水平进行了初步研究。

　　黑河流域陆地生态系统 NPP 空间分布及其季节变化特征也是流域地貌、气候及人类生产活动长期作用和影响的结果。因此，黑河流域陆地生态系统 NPP 的遥感估测也是流域生态-水文过程研究中的重要环节，为黑河流域的生态系统管理和水资源管理服务提供了有益的参考。本节将基于 MODIS 数据和气象数据，应用遥感 NPP 模型模拟方法，估计 2014 年黑河流域的植被 NPP，并分析其空间分布特征。

6.2.1　NPP 遥感估算原理及模型结构

　　基于遥感数据的 NPP 估算模型需要考虑众多的植被和土壤参数，但原始的植被覆盖分类体系对区域研究而言过于粗糙，尤其是对 NPP 估算结果敏感的植被最大光能利用率较实测值偏低（朱文泉等，2004）。此外，模型中所涉及的大量土壤参数，如田间持水量、萎蔫含水量、土壤黏粒和砂粒的百分比、土壤深度等在大区域上很难获得较为精准的数据集。朱文泉（2005）提出的 NPP 遥感估算模型是一个公开发布的模型，其所提供的参数集是针对中国区域发展的，提供的各植被类型最大光能利用率也是基于中国 NPP 的实测数据所得的。该模型基于光能利用率模型的建模思路，对部分结构做了简化，具有更强的可操作性。同时，该模型引入中国陆域的植被覆盖分类，通过计算不同植被覆盖类型的植被指数最大值，实现对 FPAR 的估算。该模型还利用气象数据，结合区域蒸散模型来估算水分胁迫因子等。因此，本书的研究选择该模型用于模拟黑河流域 NPP 的时空变化。该 NPP 估算模型如式（6.18）所示：

$$NPP(x, t) = APAR(x, t) \times \varepsilon(x, t) \tag{6.18}$$

式中，$APAR(x, t)$ 为网格点 x 在 t 月吸收的光合有效辐射 $[MJ/(m^2 \cdot mon)]$，由网格点 x 在 t 月的太阳总辐射量和植被类型所确定（朱文泉，2005）；$\varepsilon(x, t)$ 为像元 x 在 t 月的实际光能利用率（gC/MJ）。

光能利用率 ε 是在一定时期单位面积上生产的干物质中所包含的化学潜能与同一时段投射到该面积上的光合有效辐射能之比。光能利用率是遥感估算 NPP 模型的重要参数，但却是一个颇受争议的生态学概念。关于光能利用率在植物种间的变异性及其空间异质性已经开展了诸多的研究（Goetz et al.，1999；Turner et al.，2003），主要探讨影响光能利用率的生物学机制和环境机制。一般地，在理想条件下，植被具有最大光能利用率。在现实条件下，由于环境因子（如气温、土壤水分状况及大气水汽压差等）通过影响植物的光合能力而调节植被的 NPP，在遥感模型中这些因子对 NPP 的调控是通过对最大光能利用率加以订正而实现的，订正过程如式（6.19）所示（Potter et al.，1993）：

$$\varepsilon(x, t) = T_{\varepsilon 1}(x, t) \times T_{\varepsilon 2}(x, t) \times W_{\varepsilon}(x, t) \times \varepsilon_{max} \tag{6.19}$$

式中，$T_{\varepsilon 1}(x, t)$ 和 $T_{\varepsilon 2}(x, t)$ 为低温和高温对光能利用率的胁迫影响系数；$W_{\varepsilon}(x, t)$ 为水分胁迫影响系数，反映水分条件的影响；ε_{max} 为理想条件下的最大光能利用率（gC/MJ）。最大光能利用率的估算采用朱文泉（2005）参考实测 NPP 数据所制备的适宜中国区域植被类型的最大光能利用率参数（表 6.5）。

表 6.5　模型中各植被类型所使用的最大光能利用率

编码	名称	英文名称	月最大光能利用率/（gC/MJ）
1	落叶针叶林	needleleaved deciduous forest	0.485
2	常绿针叶林	needleleaved evergreen forest	0.389
3	常绿阔叶林	broadleaved evergreen forest	0.985
4	落叶阔叶林	broadleaved deciduous forest	0.692
5	灌丛	bush	0.429
6	疏林	sparse woods	0.475
7	海边湿地	seaside wet lands	0.542
8	高山亚高山草甸	alpine and sub_alpine meadow	0.542
9	坡面草地	slope grassland	0.542
10	平原草地	plain grassland	0.542
11	荒漠草地	desert grassland	0.542
12	草甸	meadow	0.542
13	城市	city	—
14	河流	river	—
15	湖泊	lake	—
16	沼泽	swamp	0.542
17	冰川	glacier	—
18	裸岩	bare rocks	—
19	砾石	gravels	—
20	荒漠	desert	—
21	耕地	farmland	0.542
22	高山亚高山草地	alpine and sub-alpine plain grass	0.542

资料来源：朱文泉，2005。

6.2.2　基础数据

1. MODIS NDVI 数据

NDVI 数据由 MODIS 提供，为 16 天合成的全球 0.05°植被指数产品（MYD13C1）为像元水平上的合成产品。该数据具体包括栅格型的归一化植被指数、增强型植被指数（NDVI/EVI）和含像元水平的质量保证信息。每年包括 23 幅 NDVI 数据产品，每幅 NDVI 数据的起始时间可用式（6.20）计算：

$$NDVI_t = (t-1) \times 16 + 1 \quad (t=1, 2, \cdots, 23) \tag{6.20}$$

式中，$NDVI_t$ 为第 t 天到 $t+15$ 天的合成产品。

MODIS 植被指数根据输入数据的质量合成（Huete et al.，1999），可大幅度减少 MODIS NDVI 产品的噪声。但仍有部分研究指出，在环境因素和太阳-目标-传感器的几何变化的影响下，MODIS 植被指数中仍存在着许多噪声和不稳定源。它们既与仪器特性有关，也与算法本身有关。因而，在使用 NDVI 进行 NPP 模拟之前，需要对现有的 MODIS NDVI 数据进行重建，以减少噪声的影响（Gu et al.，2009）。通过 NDVI 产品自带的质量控制（QA）信息来确定像元上 NDVI 的数据质量，获得高质量的 MODIS NDVI 数据集，本书的研究提取其中 2014 年数据作为研究数据。该方法主要包括背景场的生成和权重系数的确定两个步骤。本书的研究采用三点平滑技术对多年 NDVI 数据进行处理，得到每一个时间点上的 NDVI 背景值（Gu et al.，2006），计算公式如式（6.21）所示：

$$NDVI_b(t) = MAX\left(NDVI_o(t), \{0.5 \times NDVI_o(t) + 0.25 \times [NDVI_o(t-1) + NDVI_o(t+1)]\}\right) \tag{6.21}$$

式中，$NDVI_o$ 为 t 时刻的 MODIS NDVI 值；$NDVI_b$ 为 t 时刻平滑后的 NDVI 值。为了更有效地剔除噪声，平滑公式（6.21）将被重复 3 次，以获得足够平滑的背景，来反映时序 NDVI 数据的基本变化特征。算法中所涉及的权重系数则根据 MODIS 植被指数产品 QA 中的"植被指数可用程度"来确定（Gu et al.，2009）。

2. 其他数据集

气象数据采用了中国科学院寒区旱区科学数据中心提供的 2014 年全国降水、平均温度和太阳总辐射数据（Chen et al.，2003）。植被类型图来自于三期植被类型图的归并结果（朱文泉，2005），它们分别来源于中国科学院地理科学与资源研究所资源与环境信息系统国家重点实验室（1996 年，1∶400 万）、北京师范大学资源学院的中国土地覆盖分类图（2003 年，1 km）和中国科学院遥感应用研究所根据 SPOT-VGT 数据编译的植被类型图（2000 年，1 km）。

6.2.3　黑河流域年 NPP 时空变化

1. 空间分布

基于 NPP 遥感估算模型获得黑河流域 2014 年全年及季节 NPP 的空间分布，如彩图

18 所示。黑河流域 NPP 年累积量空间分布格局与黑河流域水系分布及其水量分配有很高的相关性，同时与黑河流域南多北少的植被分布特征相对应。上游山区、中游平原绿洲区，以及下游河道两岸、三角洲与冲积扇缘的湖盆洼地的 NPP 值普遍较高，而下游大部分区域覆盖有大面积的荒漠和戈壁，NPP 值普遍较低。

模型估算结果表明，2014 年整个黑河流域 NPP 年总量约为 1.39×10^{13} gC/m^2。对比黑河流域植被类型分布可以看出，黑河流域草地类型的 NPP 在全流域 NPP 年总量的比重最大（高达 53%），其次是农田类型（约占全流域总 NPP 的 14%）。NPP 平均值小于 10 gC/m^2 的区域主要分布在黑河流域的中游金塔的西南部和下游的南部和东南部地区，这些区域主要覆盖有荒漠和戈壁，植被覆盖比较稀少，许多戈壁和沙漠地区的 NPP 模拟值甚至为 0。NPP 平均值介于 10~20 gC/m^2 的区域主要分布在黑河流域中下游西部交界处及下游的西部和东部冲积扇缘的湖盆洼地。该区域降水较少，蒸发量较大，特别是黑河下游地区深居内陆腹地，气候极端干旱，为径流耗散区，以荒漠和小面积的草地分布为主，本区域草地旱化和荒漠化较明显。NPP 平均值介于 20~110 gC/m^2 的区域主要分布在黑河流域上游的西部和中游的东南部地区，以林地和亚高山草甸类型为主，具有较好的植被覆盖度，同时下游沿河两侧也具有较好的植被覆盖度。然而，黑河上游部分区域位于海拔 3900 m 之上，属于高山寒漠生态系统，NPP 在数值上非常低。NPP 平均值大于 110 gC/m^2 的区域多分布在植被覆盖良好的区域，主要包括黑河流域上游的祁连山区，该区作为地表径流形成区，降水较为丰富，主要分布有森林和高覆盖度草甸，NPP 年总量介于 250~650 gC/m^2。同时，在中游的酒泉、张掖地区，沿河流和渠道的人工绿洲，NPP 值普遍较高，最高可达 650 gC/m^2。

2. 季节变化特征

根据当地气候条件，春季定义为 3~5 月，夏季定义为 6~8 月，秋季定义为 9~11 月，冬季为 12 月至翌年 2 月。如图 6.9 所示，黑河上游山区、中游平原绿洲区和下游荒漠区的 NPP 具有显著的季节变化特征。冬季黑河流域气温、降水和辐射都到达全年最低值，植被停止生长，因此 NPP 也下降到最低值。黑河下游荒漠区，由于降水较少，蒸发较大，该地区多分布稀疏的植被类型，以及沙漠、戈壁和裸岩类型，NPP 在各个季节均表现出较低的数值，季节变化特征不明显。

春季气温回升，黑河流域东南部祁连山区冰雪融化，地表水分得到一定的补充，山区植被和平原绿洲 NPP 值大多介于 5~15 gC/m^2，仅有张掖和高台的部分绿洲的 NPP 达到 15~30 gC/m^2。5 月末，气温继续升高，地表径流量增加，辐射也增强，流域内广大地区植被都开始有较明显的生长，尤其是中游农田绿洲区进入春灌高峰，NPP 可达 50~90 gC/m^2。6~8 月，充沛的降水、气温和光照为植被生长提供了很好的环境条件，是流域植被生产的重要时段，黑河流域的 NPP 值达到了年内的最大值。其中，张掖绿洲农田和山区森林草原 NPP 最高可达 135 gC/m^2。自 9 月起，黑河流域气温开始下降，草地开始枯黄，农作物业已收割，NPP 呈现下降的特征。到 10 月，全流域 NPP 基本降到 15 gC/m^2 以下。

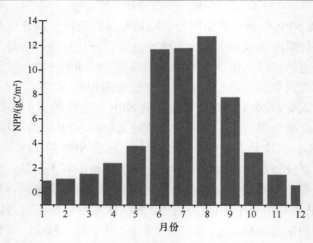

图 6.9　黑河流域月平均植被 NPP 变化

　　总的来说，黑河流域上游山区、中游平原绿洲区以及下游河道两岸、三角洲与冲积扇缘的湖盆洼地的 NPP 值普遍较高，而下游大部分区域覆盖有大面积的荒漠和戈壁，NPP 值普遍较低。模型估算结果表明，2014 年整个黑河流域 NPP 年总量约为 $1.39×10^{13}$ gC/m^2。其中草地类型的 NPP 在全流域 NPP 年总量的比重最大（高达 53%），其次是农田类型（约占全流域总 NPP 的 14%）。通过分析黑河流域不同生态系统的生产力特征，为更有效管理和合理利用有限水资源，为流域的社会、经济和生态环境可持续发展目标提供科学依据。

6.3　基于 MODFLOW 的山区地下水径流数值模拟

　　在干旱半干旱地区，水是制约人类生存发展及改善生态环境的最重要因子。中国西北的流域大多可划分为上游山区产流区和中下游径流消耗区（He et al.，2009；田杰等，2014）。由于中游降雨少，山区对中游的补给量在中游的总水量中占有很大比重，山区地下水以河川基流或泉的形式出现，是维持河川径流的重要组成部分（杨正华，2011）。尤其在中国西北干旱半干旱区，山区地下水是维持流域中下游人民长期生活及生态可持续发展的重要的水资源要素（张光辉，2005）。山区对中游的水量补给一般分为两种形式：一种是通过出山河流以河道水的形式补给，这部分水量直接通过河流出山口水文站监测得到；另一种是山区基岩补给量（mountain block recharge，MBR）。山区基岩补给量是指从由基岩和沉积层组成的山体补给至邻近的中游含水层的地下水量，这部分水量很大但是难以测量（Hogan et al.，2004；Wilson et al.，2004）。

　　山区基岩地下水流动受到很多方面的影响，如地形、地质地层结构性质、裂隙发育情况、沟谷河流发育切割情况、当地气候降雨、蒸发及岩性等（Haitjema and Mitchell-Bruker，2005；Toth，1963；Winter et al.，2003）。基岩裂隙流是一种不同于孔隙介质的复杂地下水流，但是鉴于裂隙介质流动的复杂性，以及孔隙介质流动模型研究的成熟性与稳定性，在一定程度上可以用等效多孔介质方法来研究裂隙流（Gleeson and Manning，2008；

Wellman and Poeter，2006；王海龙，2012）。

目前，对山区地下水的研究主要有两种方法：水均衡法与地下水模型法。其中，水均衡法没有考虑到山区地下水运动的复杂性，无法得到山区地下水的径流场、山区基岩补给量的分布；而山区地下水模型仍然不成熟且需要的数据太多，在大部分缺乏研究基础且数据不充分的山区不适用。鉴于目前黑河上游基岩裂隙的数据仍无法获取，因此本书的研究选取大都麻河流域上游，将山区基岩裂隙概化为多重孔隙介质，试图用MODFLOW 找到一个简便方法来研究山区地下水径流模式，用多年基流量进行定量验证，并且期望得到山区基岩补给量。

6.3.1　大都麻河上游概况

本书的研究选在黑河流域的子流域——大都麻河流域上游区域。大都麻河由 4 条支流构成，山区地形复杂，高程为 2439～4861 m，平均高程为 3797 m。其出山口为瓦房城水文站，控制面积为 215 km^2（彩图 19）。多年平均流量为 2.8 m^3/s，年径流总量为 8.7×10^7 m^3，多年最大洪水流量为 301 m^3/s，最小流量为 0.11 m^3/s（潘启民和田水利，2001）。大都麻河流域是闭合流域，且流域上游没有水电站等水利工程，水文站所测量的数据能够反映流域的自然产汇流状况，可以用水文站数据进行模型的调参与验证。

6.3.2　研究数据

本书的研究采用的水文数据均来自中国科学院寒区旱区科学数据中心。流域只有一个控制站点，即瓦房城水文站。瓦房城水文站位于 100.4833°E、38.4333°N，海拔为 2457 m，主要应用其 1959～2006 年的降雨、蒸发与流量数据。研究区水文气象条件多年变化趋势如图 6.10 所示。由图 6.10 可以看出，大都麻河上游降雨径流主要发生在 7～8 月。近几年降雨和蒸发都在减少，且蒸发显著性减小（$P<0.01$），而降雨则呈现非显著的减小趋势，综合作用使得径流呈现非显著增加趋势（李常斌等，2011）。

从裂隙发育完全的岩石到裂隙发育微弱的岩石，其渗透系数变化范围为 1×10^{-7}～1×10^{-4} m/s，给水度变化范围为 0.0002～0.01，储水率变化范围为 0.3×10^{-4}～1.9×10^{-4}（/m）（Manning and Caine，2007；中国地质调查局，2012）。Jamieson 和 Freeze（1982）通过在加拿大 Meager 山区（1000～2560 m）进行实际观测及模拟，研究了山区基岩裂隙的等效孔隙介质的渗透系数等水文地质参数，得到活动层的渗透系数为 10^{-8}～10^{-7} m/s，并且得出山区基岩等效渗透系数是随深度变化而变化的，其可以作为本书的研究的参考。

6.3.3　MODFLOW 模拟方案

1. 模型简介

MODFLOW 是美国地质调查局的 McDonald 和 Harbaugh 于 1984 年开发的模块化三

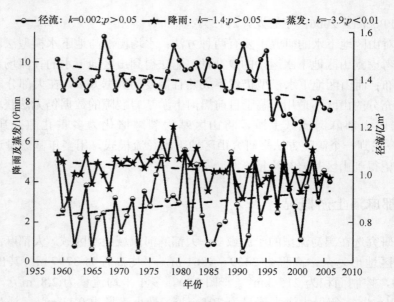

图 6.10   瓦房城站水文气象条件多年变化图

k 为线性拟合斜率；p 为拟合方程显著性水平

维有限差分地下水流动模型，是一个用于孔隙介质地下水流动数值模拟的成熟的三维孔隙介质地下水流动模型，是研究地下水的重要工具（McDonald and Harbaugh，1988；Harbaugh，2005）。由于山区高差大，MODFLOW 在模拟山区地下水时，地下水位波动大，极易在模型中形成疏干单元层，从而导致模型无法收敛。因此，本书的研究采用的是最新版本 MODFLOW2005。它利用一种新的计算程序 MODFLOW-NWT，应用非线性解法解决潜水层的干湿交替问题，从而大大提高模型的成功率（Niswonger et al.，2011）。

2. 模型验证

本书的研究采用基流验证法对模拟结果进行验证。其中，基流分割采用下包线分割法。对于河川基流相对稳定的流域，通常采用直线或者曲线连接各次洪峰流量的最低点，构成的下包线即为基流过程线。鉴于数据问题，本书的研究采用直线分割法进行基流分割（李常斌等，2011），进而用水均衡来验证模型。水均衡是水文研究最基础的方程，是衡量任意一个水文模型的基本法则。若水均衡无法满足或差异太大，模型将无法收敛（Mcdonald and Harbaugh，1988）。最后，通过经验判别地下水和地形的吻合程度来检验模型模拟的山区地下水径流场是否合理（Manning and Solomon，2005）。

3. 建模

首先利用 ArcGIS 系统中的 ArcHydro 工具，初步以瓦房城水文站为流域出口提取出流域边界作为研究区域。利用 DEM 数据与研究区的水文地质数据，主要通过全国及分区的地质图得到研究区的岩性数据，进而用岩性数据结合其他资料来推断水文地质参数。水文数据主要是收集流域出口站，即瓦房城站的流量、水位、降雨、蒸发数据。然后，利用高程数据及水文地质数据进行建模，以及赋初始水文地质参数值，用下包线分割法所确定的基流对模型进行调参。最后得到模型结果为山区基岩补给、基流量及山区地下水径流场。

在 Visual MODFLOW 中建模时，由于研究区域比较小，所以整个研究区域在水平方向上被划分为 36075 个 100 m×100 m 的网格。为了详细刻画山区地下水径流，在垂向上划分为 11 层。由于山区地层资料未知，地层厚度数据缺乏，所以假设地层平行。表层用 DEM 提取的高程数据，以下每层均平行于第一层。由于山区地表高差大，第一层极易形成疏干层。因此，第一层厚度必须较大，最终确定第一层厚度为 300 m。为了详细刻画径流场，第二至第六层厚度均设置为 50 m。这样研究区地下水模拟厚度已经达到 600 m，已达到大多地下水最大活动层，其对于一般的研究已经足够（Manning and Solomon，2005；Welch and Allen，2012）。为了能够将山区地下水径流模式模拟得更加完整，需将模型的模拟厚度继续增大，最终将模型的最底层高程定为 1500 m，这样模型能模拟的地层海拔为 1500～4861 m。而这增加的几层并不像前七层需要精细的刻画地下水运动，只需要模拟厚度达到一定厚度即可，这样地下水就有空间可以流动，因此第七至第十一层平分剩下的地层厚度。

由于研究区的地下水活动层深度未知，希望通过此次建模探索当地的山区地下水活动层深度，因此建立两个具有不同地下水活动层深度的模型，第一个模型（以下称为模型 a）完全按照上述方法建模。因为模型表层高程范围为 2439～4861 m，最底层高度设置为 1500 m，因此模型 a 模拟的地下水活动层厚为 939～3361 m。第二个模型（以下称为模型 b）是在第一个模型的基础上只保留前七层，以下几层都删除。这样模型的活动层厚度只有 850 m。两个模型示意图如彩图 20 所示。

边界条件的设置如下：模型上边界，即地表-大气接触面分为降雨补给边界与蒸发边界。综合已有研究成果（中国地质调查局，2012），降雨补给量的变化范围为器测降水量的 10%～40%，蒸发量的变化范围为器测蒸发量的 20%～45%。下边界，即模型底部为隔水边界。由于本次建模选在闭合小流域，假设侧向边界为隔水边界。

研究区只有 30 m×30 m 分辨率的 DEM 数据，即使将其经过数次填洼处理之后再输入模型，也会由于模型自带的插值方法将提取的高程数据插值至每个网格，而导致河道从最高点至流域出口沿线存在很多洼地。然而，研究区缺乏实测的河床高程值。因此，本模型无法用 MODFLOW 的河流边界（RIVER）来概化河流边界。Reilly（2001）提出了在山区用 MODFLOW 中的排水渠（DRAIN）子程序包代替山区的河流程序包来模拟山区河流，即当地下水位高于排水渠的底板高程时，则进行地下水的排泄。本书的研究将借鉴此结果用排水渠来概化河流。

流域出口边界，即山区基岩补给 MBR 用 MODFLOW 中的 WELL 边界即井边界来概化。综合前文分析的已有的研究成果，MBR 为年降水量的 0.2%～38%。边界条件如图 6.11 所示（以模型 b 为例）。模型源汇项中的蒸散发项为实测值的范围，具体见表 6.6。

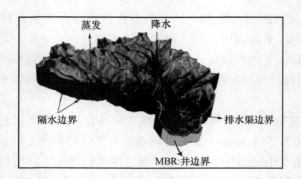

图 6.11　模型边界设置

表 6.6　边界条件范围值

年份	蒸发量/（mm/a）		降水补给/（mm/a）		基岩补给/（m³/d）	
	20%	45%	10%	40%	0.2%	38%
1959	202	455.54	54.23	216.92	−7.81	−1483.08
1960	172	386.01	50.06	200.24	−7.21	−1369.04
1961	187	420.17	31.88	127.52	−4.59	−871.85
1962	177	398.03	44.02	176.08	−6.34	−1203.86
1963	183	412.79	43.78	175.12	−6.3	−1197.3
1964	171	384.39	53.79	215.16	−7.74	−1471.05
1965	181	406.89	38.96	155.84	−5.61	−1065.48
1966	185	417.02	49.29	197.16	−7.09	−1347.98
1967	226	507.51	43.24	172.96	−6.22	−1182.53
1968	204	460.08	36.53	146.12	−5.26	−999.02
1969	172	386.01	51.41	205.64	−7.4	−1405.96
1970	187	420.17	48.76	195.04	−7.02	−1333.49
1971	177	398.03	51.05	204.2	−7.35	−1396.12
1972	183	412.79	49.22	196.88	−7.08	−1346.07
1973	171	384.39	53.48	213.92	−7.7	−1462.57
1974	181	406.89	46.81	187.24	−6.74	−1280.16
1975	185	417.02	50.91	203.64	−7.33	−1392.29
1976	176	396.23	53.02	212.08	−7.63	−1449.99
1977	170	382.07	61.1	244.4	−8.79	−1670.96
1978	191	429.17	51.59	206.36	−7.43	−1410.88
1979	217	488.3	67.62	270.48	−9.73	−1849.27
1980	202	454.37	51.53	206.12	−7.42	−1409.24
1981	192	432.77	54.99	219.96	−7.92	−1503.87
1982	193	434.7	48.78	195.12	−7.02	−1334.04
1983	199	448.07	56.79	227.16	−8.17	−1553.09
1984	181	407.7	49.1	196.4	−7.07	−1342.79
1985	203	456.89	35.67	142.68	−5.13	−975.5
1986	196	440.78	45.18	180.72	−6.5	−1235.58

续表

| 年份 | 蒸发量/（mm/a） | | 降水补给/（mm/a） | | 基岩补给/（m³/d） | |
	20%	45%	10%	40%	0.2%	38%
1987	195	439.47	45.37	181.48	−6.53	−1240.78
1988	171	385.79	45.06	180.24	−6.49	−1232.3
1989	170	382.73	50.48	201.92	−7.27	−1380.53
1990	201	451.19	38.69	154.76	−5.57	−1058.09
1991	218	491.49	31.95	127.8	−4.6	−873.77
1992	191	429.62	46.08	184.32	−6.63	−1260.2
1993	182	409.01	51.8	207.2	−7.46	−1416.63
1994	203	455.85	38.76	155.04	−5.58	−1060.01
1995	211	475.52	41.88	167.52	−6.03	−1145.33
1996	143	320.9	42.67	170.68	−6.14	−1166.94
1997	164	368.06	28.83	115.32	−4.15	−788.44
1998	147	329.85	48.47	193.88	−6.98	−1325.56
1999	148	332.37	37.57	150.28	−5.41	−1027.46
2000	138	310.86	45.83	183.32	−6.6	−1253.36
2001	140	315.36	35.42	141.68	−5.1	−968.67
2002	117	263.79	44.53	178.12	−6.41	−1217.81
2003	136	306.99	56.08	224.32	−8.07	−1533.68
2004	164	368.46	39.47	157.88	−5.68	−1079.43
2005	154	346.64	43.61	174.44	−6.28	−1192.65
2006	152	342.18	42.01	168.04	−6.05	−1148.89

注：负值表示抽水井。

由于实际水文地质资料缺乏，因此根据前人研究结果设定初始水文地质参数，见表 6.7 与表 6.8。模型第 1 层取水文地质参数最大值，底层取参数最小值，中间几层按照线性内插得到参数值（McDonald and Harbaugh，1988）。

表 6.7　模型 a 水文地质参数

层	k_x/（m/d）	k_y/（m/d）	k_z/（m/d）	S_S/（/m）	S_y	P_E	P_T
1	8.64E-02	8.64E-02	8.64E-03	1.90E-04	1.00E-02	0.15	0.3
2	7.78E-02	7.78E-02	7.78E-03	1.74E-04	9.02E-03	0.145	0.29
3	6.93E-02	6.93E-02	6.93E-03	1.58E-04	8.04E-03	0.14	0.28
4	6.07E-02	6.07E-02	6.07E-03	1.42E-04	7.06E-03	0.135	0.27
5	5.22E-02	5.22E-02	5.22E-03	1.26E-04	6.08E-03	0.13	0.26
6	4.36E-02	4.36E-02	4.36E-03	1.10E-04	5.10E-03	0.125	0.25
7	3.51E-02	3.51E-02	3.51E-03	9.40E-05	4.12E-03	0.12	0.24
8	2.65E-02	2.65E-02	2.65E-03	7.80E-05	3.14E-03	0.115	0.23
9	1.80E-02	1.80E-02	1.80E-03	6.20E-05	2.16E-03	0.11	0.22
10	9.42E-03	9.42E-03	9.42E-04	4.60E-05	1.18E-03	0.05	0.1
11	8.64E-04	8.64E-04	8.64E-05	3.00E-05	2.00E-04	0.025	0.05

注：k_x，k_y，k_z 分别为 x，y，z 方向上的渗透系数；S_S 为储水系数；S_y 为给水度；P_E 为有效孔隙度；P_T 为总孔隙度。

表 6.8　模型 b 水文地质参数

层	k_x/ (m/d)	k_y/ (m/d)	k_z/ (m/d)	S_s/ (/m)	S_y	P_E	P_T
1	8.64E-02	8.64E-02	1.73E-02	1.90E-04	1.00E-02	0.15	0.3
2	7.21E-02	7.21E-02	1.44E-02	1.63E-04	8.37E-03	0.129	0.258
3	5.79E-02	5.79E-02	1.16E-02	1.37E-04	6.73E-03	0.108	0.217
4	4.36E-02	4.36E-02	8.73E-03	1.10E-04	5.10E-03	0.088	0.175
5	2.94E-02	2.94E-02	5.88E-03	8.33E-05	3.47E-03	0.067	0.133
6	1.51E-02	1.51E-02	3.02E-03	5.67E-05	1.83E-03	0.046	0.092
7	8.64E-04	8.64E-04	1.73E-04	3.00E-05	2.00E-04	0.025	0.05

4. MODFLOW 模拟

模型初始地下水位由模型自动赋值为地表高程值，从而导致初始地下水位比较高。因此，初始边界条件中蒸发量取最大值 45%，降水量取最小值 10%，基岩补给量取最大值 38%，通过这些方式让地下水位能够更快地下降至接近实际水位。河流概化为排水渠边界，其中排水渠边界的高程为地表高程，侧向及底面边界为隔水边界。通过排水渠包得到的流量与实测流量对比，用下包线分割法进行拟合，运行模型并进行调参。

6.3.4　大都麻河地下水分布

1. 地下水水位图

模型 a 与模型 b 稳定状态的山区地下水水位图如图 6.12 所示，其地下水埋深图则如图 6.13 所示。可以看出，模型 a 与模型 b 在剖面上地下水水位线形状都与地形关系密切，受地形影响较大。在地形高点（山脊附近）的水位会出现上升趋势；随着地形的下降，水位也逐渐下降。在流域出口附近由于存在山区基岩补给量（在模型中表现为存在抽水井）且高程最低，因此流域出口附近地下水位最低。模型 b 地下水位受地形的影响更大。对于地形高点，模型 b 的水位高于模型 a；在地形低点（山谷、流域出口处）模型 b 的水位低于模型 a，这可能是因为模型地形高差大，随着模型的运行，山脊处的地下水位

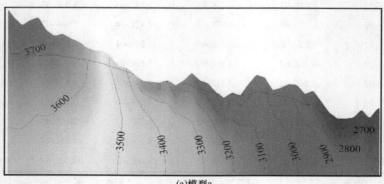

(a)模型a

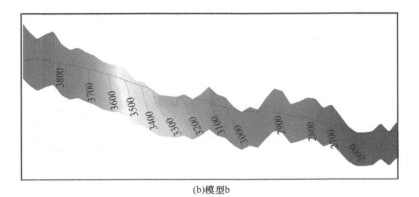

(b)模型b

图 6.12 纵剖面地下水等水位线图（田杰等，2014）

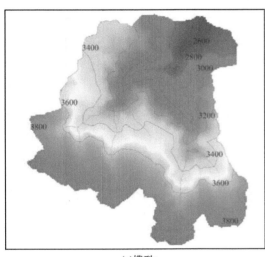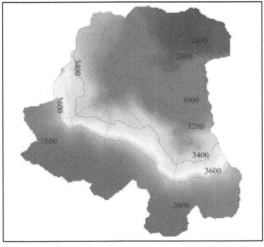

(a)模型a　　　　　　　　　　　　　　　　(b)模型b

图 6.13 地下水等水位图（田杰等，2014）

最终会下降到模型底部。模型 b 的底部高程大于模型 a，所以山脊处模型 b 的地下水位高于模型 a。流域出口处是地下水的汇集处，而模型 a 由于活动层更厚，地下水量更多，会有更多的水流向出口处，所以模型 a 的地下水位在出口处高于模型 b。

2. 地下水流场

模型表层与底层的地下水流场如图 6.14 所示，模型横剖面的地下水流场则如图 6.15 所示。可以看出，表层地下水流动受到地形的影响较大，地下水从山脊流向河流。底层地下水流场受地形的影响很小，地下水已经全部从边界处越过河流往流域出口流动，河流已经不再是地下水流的汇水点。由表层往下，地下水流向受地形的影响逐渐减小（图 6.15）。表层地下水流动属于局部地下水流系统，深层则属于中间与区域地下水流系统。这种中间及区域流动系统在活动层厚的模型 a 中能够清楚地反映，但是在活动层较薄的模型 b 中反映不出来。

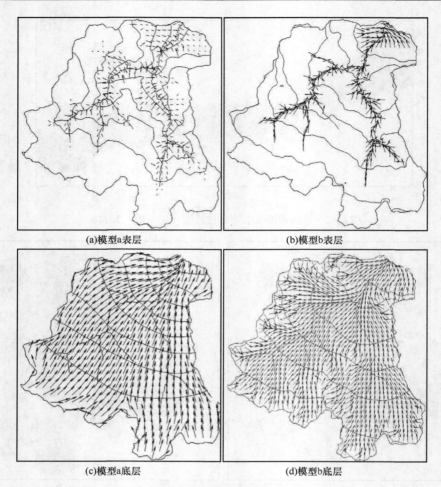

(a)模型a表层   (b)模型b表层

(c)模型a底层   (d)模型b底层

图 6.14　模型表层与底层地下水流场图（田杰等，2014）

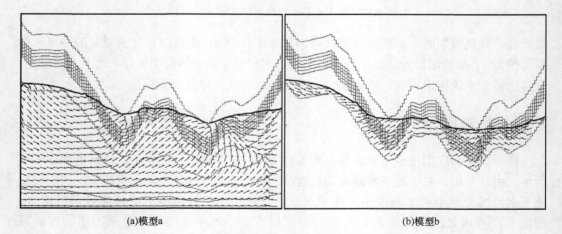

(a)模型a   (b)模型b

图 6.15　模型剖面地下水流场图（田杰等，2014）

3. 模型验证

由于本书的研究没有用观测井数据进行模型验证及调参,对于资料缺乏的山区,本次建模除了通过对地下水径流场的合理性分析外,只能通过下包线分割法得到的基流数据进行验证。本书的研究中用排水渠边界来概化河流,同时将排水渠的高程取为河床底板高程。因此,当地下水位高于河床底部高程时,地下水将排泄给排水渠,这些排泄量理论上即为地下水对河流的补给量,也就是河流基流量。因此,本书的研究用排水渠的排泄量与瓦房城站的流量系列对比,进行模型调参与验证。

模型 a 与模型 b 的排水渠排泄量与瓦房城流量对比如图 6.16(a)所示。可以看出,模型 a 与模型 b 的结果均不好,但是其趋势仍然能够与流量过程线吻合,结果能用下包线分割法解释,且模型 a 的结果略好于模型 b。模型 a 与模型 b 的排水渠流量与降雨关系对比如图 6.16(b)所示。因为排水渠代表的是基流量,基流量的趋势应该与降雨呈正相关,从图 6.16 中可以看出这点,说明模型具有一定程度的可靠性。

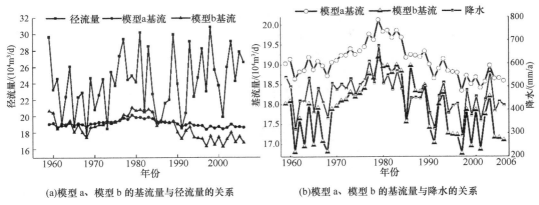

(a)模型 a、模型 b 的基流量与径流量的关系　　　(b)模型 a、模型 b 的基流量与降水的关系

图 6.16　实测流量降水与模型基流量对比图

以年径流数据为基础,采用下包线直线分割法作为模型调参标准,通过调节两个模型边界条件(降雨补给量、蒸发量、山区基岩补给量)及水文地质参数,最终得到模型结果见表 6.9。从表 6.9 可以看出,最终模型 a 与模型 b 的基流量相差不大,边界条件中模型 a 与模型 b 的山区基岩补给量相差很大(田杰等,2014)。

表 6.9　模型最终结果

模型	a/%	b/%	c/%	d/%	e/%	f/m
模型 a	79.307	2.760	3.086	67	36	5
模型 b	77.570	0.103	0.115	21	36	5

注:a,b,c,d,e 分别为基流量在径流量中的占比、MBR 在降水量中的占比、MBR 在径流量中的占比、RCH 在降水量中的占比、EVT 在蒸发量中的占比,f 为蒸发极限土埋深。

6.3.5　小结

本书的研究选取大都麻河闭合流域为研究区,将山区地下水径流单元 MGU 的概念进行了实际应用。将河流概化为排水渠边界，解决了因山区河道高程的洼地而导致的径流场紊乱问题。本书的研究在山区进行 MODFLOW 模拟，为以后研究气候变化下的山区基岩补给量及多年基流量的变化情况提供依据，也为将来的山区地下水勘探做准备。

　　然而，受限于山区资料的匮乏，本书的研究依旧存在很多不足。首先，由于模型本身及高程数据的原因，本书的研究采用 MODFLOW 中的排水渠子程序包来代替河流边界。虽然已经有研究表明这种做法有一定的可行性（Reilly，2001），但是用排水渠来代表河流仍然有其不可避免的局限性，也导致了模型最终结果的明显缺陷。其次，本书的研究采用排水渠的流量与多年径流量的下包线之间的吻合程度来进行模型验证。下包线分割法是对基流的分割法，基流一般都是对于单次洪水或多次洪水而言。而本书的研究分割的流量过程线却是多年的径流过程线，获得的基流量只能算是流域在年尺度上的基流量。因而，用基流量来验证模型存在较大误差，但这是目前对于资料缺乏的山区地下水模拟最精确的验证方法。此外，由于资料缺乏而导致的模型概化始终不能完全代表实际情况，也无法在缺乏实测资料的情况下表达出山区的水文地质参数异质性等问题。最后，由于 MODFLOW 模型比较简单，只考虑了概化后的山区地下水运动部分，而对于与水文过程密切相关的蒸散发、降雨、山脊间侧向补排等，由于资料严重缺乏都无法考虑。随着水资源重要性的逐步提升，在西北干旱区，山区作为整个流域的最主要产流区，这些详细过程都必须加以考虑。同时，加强多年尺度上基流的研究作为山区地下水的合理验证，才能够建立一个完整的山区-中游-下游终端湖的流域综合水文模型来应对未来的水资源危机，为科学的水资源规划与管理提供依据（田杰等，2014）。

6.4　流域水文过程的分布式模拟

　　黑河流域自 20 世纪 60 年代以来，尤其是 20 世纪 80 年代以来，人类的剧烈活动破坏了水的自然循环系统，进入下游的水量逐渐减少，河湖干涸、林木死亡、草场退化、沙尘暴肆虐，造成严重的生态环境问题，急需进行水资源合理配置和有效调度，以期实现人与生态环境的和谐共处。研究黑河流域的水循环机理及其演变规律，开发改进相关模型，是水资源配置、评价和调度的基础和实际需要。黑河流域的水循环系统既涉及内陆山区水文气象、积雪融雪、土壤植被和高山冻土，又涉及中游盆地由于人类活动加剧的河水与地下水的频繁转换，还涉及下游尾闾地区的生态耗水规律等，问题本身比较复杂（贾仰文等，2006）。位于祁连山区的黑河上游为流域产流区，其提供了流域 95% 以上的水资源量，是黑河中下游流域主要的水资源补给来源。准确模拟预测黑河上游水文过程不仅能为流域水资源综合管理提供决策支持，而且对西部水安全和生态安全意义重大。

　　水文模型被广泛应用于水文模拟预测及水资源管理中，其大体可分为 3 类：经验模型（统计模型）、概念型模型和物理机制型模型。通常来说，经验模型结构较为简单，数据需求较少，更适用于模拟空间集总式、时间分辨率较长的水文过程。概念型模型通常描述影响整个流域水文过程的关键因素，而不是如实反映水文循环的所有过程。因而，概念型模型变量较少，计算时间较短。物理机制型模型力求详尽地描述所有水文过程和水文要素，因而需要大量相关数据，且对计算能力要求也较高。因此，物理机制型模型大多应用于观测数据齐全的小流域。受限于计算能力和空间数据，早期的水文模型将整个流域看作一个整体，忽略了流域内部水文过程的空间变异性。近年来，随着数字化数据库和计算机技术的蓬勃发展，分布式水文模型（概念型和物理机制型）被开发应用于模拟分析流域水文过程的空间和时间变异特征（Zhang et al.，2016）。

近年来，一系列成熟的分布式水文模型被应用于黑河上游来评估其适用性并对其进行改进。分布式物理机制型模型 SWAT 是目前黑河上游应用最为广泛的水文模型。SWAT模型是美国农业部于 20 世纪 90 年代融合 SWRRB 和 ROTO 两个模型开发的半分布式水文物理模型（Arnold et al.，1998），目前模型的最新版本为 SWAT 2012。SWAT 模型径流模拟通常将研究流域划分成若干个单元流域，以减小流域下垫面和气候要素时空变异对模拟精度的影响。流域离散的方法有自然子流域、山坡和网格 3 种。根据不同植被覆盖和土壤类型，子流域进一步细分为若干个 HRU。每个 HRU 都单独计算径流量，最后得到流域总径流量。SWAT 模型提供 Green-Ampt 方法或 SCS-CN（soil conservation service-curven umber）曲线法计算地表径流；度-日因子模型计算融雪量；动态存储模型计算壤中流；Hargreaves 法、Priestley-Taylor 法或 Penman-Monteith 法计算潜在蒸散发。SWAT 将地下水分为浅层地下水和深层地下水。河道水流演算采用变动存储系数模型或马斯京根法。同时，SWAT 模型可作为一个模块集成到可视化平台 ArcGIS、QGIS 等中，提供可视化平台及 GIS 软件的数据处理功能，方便用户使用。SWAT 模型结构如图 6.17所示。

分布式概念型模型 DLBRM 也被广泛应用于黑河流域进行水文过程模拟分析。DLBRM 是由美国国家海洋与大气管理局（National Oceanic and Atmospheric Administration，NOAA）五大湖研究实验室和西密歇根大学联合开发的（Croley and He，2005，2006；He and Croley，2007），将流域分为 1 km×1 km（或其他大小）的网格。每个网格垂直方向上由上层土壤水、下层土壤水、地下水和地表水 4 层组成，这 4 层"水箱"在整个流域中以并行和串行的方式排列。降水量首先进入降雪模块，基于度-日方法，将其区分为降雨或降雪，作为地表水分供给。下渗进入上层土壤的水分饱和后产生地表径流。网格水平方向的供给水分来自其上游所有网格的输出流量，每个"水箱"的流量与其储水量成比例。DLBRM 模型中，积雪和水箱储水量的计算均遵循质量守恒定律，蒸散发（ET）则遵循能量守恒定律。模型以热量平衡方程，即逐日气温的指数来计算潜在蒸散发；实际蒸散发与潜在蒸散发和储水量成比例。DLBRM 不仅能够模拟网格内地表水-地下水的相互转换，也能够模拟相邻网格间地表水-地下水的转换。其显著特点如下：①所需的气候、地形、水文、土壤和土地利用数据较容易获取；②可应用于大流域；③可求得质量守恒方程的解析解。总的来说，DLBRM 在对研究流域网格化的基础上，考虑上层土壤、下层土壤、地下水和地表水之间的交互作用，并将水文过程从上游向下游传递积累到河口，完成产流和汇流模拟。模型涉及的土壤水文性质包括土层深度、土壤质地、饱和导水率和土壤有效持水量等。DLBRM 模型结构如图 6.18 所示。

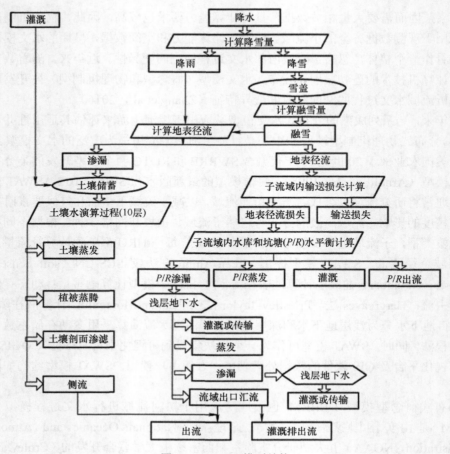

图 6.17　SWAT 模型结构

TOPMODEL（topgraphy based hydrological model）模型由 Kirkby 于 1974 年提出的，后由 Beven 等于 1979 年推出了第一个 Fortran 版本。Topmodel 模型是基于土壤含水量和地形指数的半分布式模型，是概念性集总模型和分布式模型之间的过渡类型，严格地说，其属于概念性分布参数模型。Topmodel 模型结构简单，易于实现，所需资料较少，也被成功应用于模拟黑河上游水文过程。此外，其他分布式水文模型 DTVGM、WEP-Heihe 等也被应用于黑河上游进行模拟分析。陈仁升等（2003），周剑等（2008）则基于小流域的观测数据，进行模型开发和改进。

根据 Moriasi 等（2007）的研究结果，模型适用性评价标准多选取那什系数（nash–sutcliffe efficiency，NSE）、误差百分数（percent bias，PBIAS）、均方根误差与标准误差比率（ratio of the root mean square error to the standard deviation of measured data，RSR）3 个系数。其计算公式为式（6.22）～式（6.24）：

$$\mathrm{NSE} = 1 - \frac{\sum_{i=1}^{n}\left(Q_i^{\mathrm{obs}} - Q_i^{\mathrm{sim}}\right)^2}{\sum_{i=1}^{n}\left(Q_i^{\mathrm{obs}} - \bar{Q}^{\mathrm{obs}}\right)^2} \tag{6.22}$$

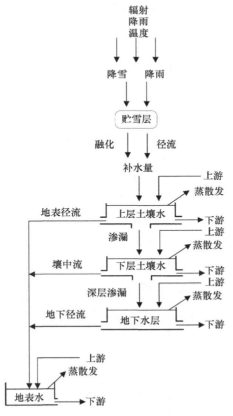

图 6.18　DLBRM 模型结构

$$\text{PBIAS} = \frac{\sum_{i=1}^{n}\left(Q_i^{\text{obs}} - Q_i^{\text{sim}}\right) \times 100}{\sum_{i=1}^{n} Q_i^{\text{obs}}} \tag{6.23}$$

$$\text{RSR} = \frac{\sqrt{\sum_{i=1}^{n}\left(Q_i^{\text{obs}} - Q_i^{\text{sim}}\right)^2}}{\sqrt{\sum_{i=1}^{n}\left(Q_i^{\text{obs}} - \bar{Q}^{\text{obs}}\right)^2}} \tag{6.24}$$

式中，Q_i^{obs} 为实测径流量；Q_i^{sim} 为模拟径流量；$\bar{Q}^{\text{obs}}$ 为实测径流量的平均值。在这 3 个评价系数中，NSE 的取值为负无穷至 1，NSE 的取值越接近 1，则表示 SWAT 模型的模拟效果越好且模型的可信度越高；NSE 值越接近 0.5，则表示模型模拟结果接近观测值的平均水平，也就是模型总体结果可信，但过程模拟误差大；如果 NSE 远远小于 0，则模型不可信。而 PBIAS 值如果介于 –10%～10%，则表明模型模拟效果好；对于 RSR来说，RSR 值越小，则表明模型模拟效果越好，如果 NSE 大于 0.50，且 PBIAS 值介于–25%～25%，且 RSR 值小于或者等于 0.70，则表明模型径流模拟效果可信。

　　各类模型在黑河上游的模拟性能概览见表 6.10。总的说来，各个模型对径流量在月尺度的模拟性能均优于日尺度模拟。仅对流域出口断面莺落峡的径流量进行评估，与分布式物理机制模型相比，分布式概念型模型 DLBRM、WEP-Heihe 在黑河上游的模拟性能较好。尽管取得了一定进展，黑河上游水文模拟依然存在一定困难。首先，由于黑河上游位于祁连山区，观测仪器布置存在一定难度，目前仅有 9 个常规气象站，均在 3300 m 以下，且分布不均，使得准确描述该地区气温、降水等气象要素及其空间变异性变得十分困难。其次，黑河上游特殊的地理位置使得该地区水文过程涉及寒区水文过程、冰川水文过程、冻土水文过程和干旱区水文过程诸多方面，模型详尽描述上述过程存在一定难度。尤其是，冰川冻土对水文过程的影响，在当前模型中均未能准确描述体现。再次，黑河上游地表水地下水频繁转换，模型无法准确模拟其相互作用过程。最后，大多数流域水文模型都是在降水丰富、湿润地区发展而来的，模型功能和参数设置是针对流域特征定制的，对于干旱少雨、高海拔地区的自然环境和流域特征的考虑不足，模型设定的参数和计算方法在高寒山区的适应性缺乏验证。

表 6.10　黑河上游水文模型对出山口径流量的模拟性能概览

模型	模型类型	时间步长	模拟时期		那什系数	参考文献
内陆河流域分布式水文模型	分布式概念模型	日	校准期（2000.1.1～2000.12.31）		0.150	Chen et al.，2003
			验证期（null）		—	
		月	校准期（1980.1～1989.12）		0.868	
			验证期（1990.1～1994.12）		0.880	
DTVGM	分布式概念模型	日	校准期（1998.1.1～1998.12.31）		0.750	夏军等，2003
			验证期（null）		—	
TOPMODEL	分布式概念模型	日	校准期（2000.1.1～2000.12.31）		0.358	陈仁升等，2003
			验证期（null）		—	
		日	校准期（1990.1.1～1993.12.31）		0.734	韩杰等，2004
			验证期（1994.1.1～1999.12.31）		0.703	
		月	校准期（1980.1～1994.12）		0.670	陈仁升等，2003
			验证期（null）		—	
SWAT	分布式物理模型	日	校准期（1998.1.1～1998.12.31）		0.830	王中根等，2003
			验证期（null）		—	
		日	校准期（1990.1.1～1996.12.31）		0.732	Li et al.，2011
			验证期（1997.1.1～2000.12.31）		0.678	
		日	校准期（1995.1.1～2004.12.31）		0.680	Zhang et al.，2016
			验证期（2005.1.1～2009.12.31）		0.640	
		月	校准期（1990.12～2000.12）		0.880	黄清华和张万昌，2004
			验证期（null）		—	
WEP-Heihe	分布式物理模型	日	校准期（1996.1.1～2000.12.31）		0.600	贾仰文等，2006
			验证期 1（1990.1.1～1995.12.31）		0.650	
			验证期 2（2001.1.1～2002.12.31）		0.780	
		月	校准期（1996.1～2000.12）		0.850	

续表

模型	模型类型	时间步长	模拟时期	那什系数	参考文献
WEP-Heihe	分布式物理模型	月	验证期 1（1982.1～1995.1）	0.890	贾仰文等，2006
			验证期 1（2000.1～2002.1）	0.910	
Developed PRMS	分布式物理模型	日	校准期（1990.1.1～1996.12.31）	0.843	周剑等，2008
			验证期（1997.1.1～2000.12.31）	0.918	
DLBRM	分布式概念模型	日	校准期（1995.1.1～2004.12.31）	0.830	Zhang et al.，2016
			验证期（2005.1.1～2009.12.31）	0.770	

资料来源：Li et al.，2011；Zhang et al.，2016。

参 考 文 献

安顺清，邢久星. 1985. 修正的帕默尔干旱指数及其应用. 气象，11(12): 17-19.

陈仁升，康尔泗，吕世华，等. 2006. 内陆河高寒山区流域分布式水热耦合模型(Ⅱ): 地面资料驱动结果. 地球科学进展，21(8): 819-829.

陈仁升，康尔泗，杨建平，等. 2003. Topmodel 模型在黑河干流出山径流模拟中的应用. 中国沙漠，23(4): 428-434.

党素珍，王中根，刘昌明. 2011. 黑河上游地区基流分割及其变化特征分析. 资源科学，33(12): 2232-2237.

董安祥. 2005. 中国气象灾害大典——甘肃卷. 北京: 气象出版社.

韩海涛，胡文超，陈学君，等. 2009. 三种气象干旱指标的应用比较研究. 干旱地区农业研究，27(1): 237-241.

韩杰，张万昌，赵登忠. 2004. 基于 Topmodel 径流模拟的黑河水资源探讨. 农村生态环境，20(2): 16-20.

黄清华，张万昌. 2004. SWAT 分布式水文模型在黑河干流山区流域的改进及应用. 南京林业大学学报(自然科学版)，28(2): 21-26.

贾仰文，王浩，严登华. 2006. 黑河流域水循环系统的分布式模拟(Ⅰ)——模型开发与验证. 水利学报，37(5): 534-542.

姜晓剑，刘小军，黄芬，等. 2010. 逐日气象要素空间插值方法的比较. 应用生态学报，21(3): 624-630.

蒋忆文，张喜风，杨礼箫，等. 2014. 黑河上游气象与水文干旱指数时空变化特征对比分析. 资源科学，36(9): 1842-1851.

李常斌，李文艳，王雄师，等. 2011. 黑河流域中、西部水系近 50 年来气温、降水和径流变化特征. 兰州大学学报，47(4): 7-12.

李克让，郭其蕴，张家城. 1999. 中国干旱灾害研究及减灾对策. 河南: 科学技术出版社.

李伟光，陈汇林，朱乃海，等. 2009. 标准化降水指标在海南岛干旱监测中的应用分析. 中国生态农业学报，17(1): 178-182.

刘庚山，郭安红，安顺清，等. 2004. 帕默尔干旱指标及其应用研究进展. 自然灾害学报，13(4): 21-27.

卢玲，李新，Veroustraete F. 2005. 中国西部地区植被净初级生产力的时空格局. 生态学报，25(5): 1026-1032.

牟乃夏，刘文宝，王海银，等. 2012. ArcGIS10 地理信息系统教程. 北京: 测绘出版社.

潘启民，田水利. 2001. 黑河流域水资源. 南京: 黄河水利出版社.

朴世龙，方精云，郭庆华. 2001. 利用 CASA 模型估算我国植被净第一性生产力. 植物生态学报，25(5): 603-608.

孙睿，朱启疆. 1999. 陆地植被净第一性生产力的研究. 应用生态学报，10(6): 757-760.

田杰，金鑫，贺缠生. 2014. 基于 MODFLOW 的山区地下水径流数值模拟. 兰州大学学报(自科版)，

50(3): 324-332.

王海龙. 2012. 基岩裂隙水渗流数值模拟研究综述. 世界核地质科学, 29(2): 85-91.

王中根, 刘昌明, 黄友波. 2003. SWAT 模型的原理、结构及应用研究. 地理科学进展, 22(1): 79-86.

夏军, 王纲胜, 吕爱锋, 等. 2003. 分布式时变增益流域水循环模拟. 地理学报, 58(5): 789-796.

杨晓静, 左德鹏, 徐宗学. 2014. 基于标准化降水指数的云南省近 55 年旱涝演变特征. 资源科学, 36(3): 473-480.

杨正华. 2011. 黑河上游基流计算与变化分析. 地下水, 33(3): 159-161.

袁文平, 周广胜. 2004. 标准化降水指标与 Z 指数在我国应用的对比分析. 植物生态学报, 28(4): 523-529.

张光辉. 2005. 西北内陆黑河流域水循环与地下水形成演化模式. 北京: 地质出版社.

张海仑. 1997. 中国水旱灾害. 北京: 中国水利水电出版社.

中国地质调查局. 2012. 水文地质手册. 北京: 地质出版社.

周剑, 李新, 王根绪, 等. 2008. 黑河流域中游地下水时空变异性分析及其对土地利用变化的响应. 自然资源学报, 23(4): 724-736.

朱文泉. 2005. 中国陆地生态系统植被净初级生产力遥感估算及其气候变化关系的研究. 北京师范大学博士学位论文.

朱文泉, 陈云浩, 潘耀忠, 等. 2004. 基于 GIS 和 RS 的中国植被光能利用率估算. 武汉大学学报(信息科学版), 29(8): 694-698.

Arnold J G, Srinivasan R, Muttiah R S, Williams J R. 1998. Large area hydrologic modeling and assessment: Part I. model development. J. Am. Water Resour. Assoc. 34(1): 73-89.

Chen R S, Kang E S, Yang J P, et al. 2003. A distributed daily runoff model of inland river mountainous basin. Journal of Geographical Sciences, 13(3): 363-372.

Croley T E P, He C S. 2005. Distributed-parameter large basin runoff model. I: model development. Journal of Hydrological Engineering, 10(3): 173-181.

Croley T E P, He C S. 2006. Watershed surface and subsurface spatial intraflows. Journal of Hydrologic Engineering, 11(1): 12-20.

Field C B, Randerson J T, Malmstrom C M. 1995. Global net primary production: combining ecology and remote sensing. Remote Sensing of Environment, 51(1): 74-88.

Gleeson T, Manning A H. 2008. Regional groundwater flow in mountainous terrain: three-dimensional simulations of topographic and hydrogeologic controls. Water Resources Research, 44(10): 297.

Goetz S J, Prince S D, Goward S N. 1999. Satellite remote sensing of primary production: an improved production efficiency modeling approach. Ecological Modeling, 122(3): 239-255.

Gu J, Li X, Huang C. 2009. A simplified data assimilation method for reconstructing time-series MODIS NDVI data. Advances in Space Research, 44(4): 501-509.

Gu Y, Belair S, Mahfouf J F. 2006. Optimal interpolation analysis of leaf area index using MODIS data. Remote Sensing of Environment, 104(3): 283-296.

Haitjema H M, Mitchell-Bruker S. 2005. Are water tables a subdued replica of the topography. Ground Water, 43(6): 781-786.

Harbaugh A W. 2005. MODFLOW-2005, the US Geological Survey Modular Ground-Water Model: the Ground-Water Flow Process. Reston: US Department of the Interior, US Geological Survey.

Hayes M J, Svoboda M D, Wilhite D A, et al. 1999. Monitoring the 1996 drought using the standardized precipitation index. Bulletin of the American Meteorological Society, 80(3): 429-438.

He C S, Croley T E. 2007. Application of a distributed large basin runoff model in the Great Lakes basin. Control Engineering Practice, 15(8): 1001-1011.

He C S, Demarchi C, Croley II TE, Feng Q, Hunter T. 2009. Hydrologic modeling of the Heihe watershed by DLBRM in northwest China. Journal of Glaciology and Geocryology, 1(5): 432-442.

Heimann M, Keeling C D. 1989. A three-dimensional model of atmospheric CO_2 transport based on observed winds: 2. Model description and simulated tracer experiments// Peterson D H. Geophysical. Monograph.

Series, AGU. Washington, D. C: Aspects of Climate Variability in the Pacific and the Western Americas: 237-275.

Hogan J F, Phillips F M, Scanion B R, 2004. Groundwater rechage in a desert environment: The Southwestern United States. Washington D. C. American Geophysical Orion.

Huete A R, Justice C, Leeuwen V. 1999. MODIS vegetation index algorithm theoretical basis document. Global Biogeochemical Cycles, 15(2): 351-363.

Jamieson G R, Freeze R A. 1982. Determining hydraulic conductivity distributions in a mountainous area using mathematical modeling. Ground Water, 20(2): 168-177.

Li Z L, Xu Z X, Li Z J. 2011. Performance of WASMOD and SWAT on hydrological simulation in Yingluoxia watershed in Northwest of China. Hydrological Processes, 25(13): 2001-2008.

Manning A H, Caine J S. 2007. Groundwater noble gas, age, and temperature signatures in an Alpine watershed: valuable tools in conceptual model development. Water Resources Research, 43(43): 797-809.

Manning A H, Solomon D K. 2005. An integrated environmental tracer approach to characterizing groundwater circulation in a mountain block. Water Resources Research, 41(12): 2179-2187.

McDonald M G, Harbaugh A W. 1988. A Modular Three-Dimensional Finite-Difference Ground-Water Flow Model. Washinton DC: Scientific Publications Company.

Monteith J L. 1972. Solar radiation and productivity in tropical ecosystems. Journal of Applied Ecology, 9(3): 747-766.

Monteith J L, Moss C J. 1977. Climate and the efficiency of crop production in Britain and discussion. Philosophical Transactions of the Royal Society of London Series B. Biological Sciences(1934-1990), 281(980): 277-294.

Niswonger R G, Panday S, Ibaraki M. 2011. MODFLOW-NWT, A Newton Formulation for MODFLOW-2005. US Geological Reston, Vinginia US: Geological Survey Techniques and Methods.

Palmer W C. 1965. Meteorological drought. Washington DC. USA: US Department of Commerce, Weather Bureau.

Potter C S, Randerson J T, Field C B. 1993. Terrestrial ecosystem production: a process model based on global satellite and surface data. Global Biogeochemical Cycles, 7(4): 811-841.

Reilly T E. 2001. System and Boundary Conceptualization in Ground-Water Flow Simulation. East Lansing: US Department of Interior, US Geological Survey.

Ruimy A, Saugier B. 1994. Methodology for the estimation of terrestrial net primary production from remotely sensed data. Journal of Geophysical Research, 99(D3): 5263-5284.

Thomas E. 2001. System and Boundary Conceptualization in Groundwater Flow Simulation. Virginia, USA: Techniques of Water Resources Investigations of the US Geological Survey.

Toth J. 1963. A theoretical analysis of groundwater flow in small drainage basins. Journal of Geophysical Research, 68(16): 4795-4812.

Turner D P, Urbanski S, Bremer D. 2003. A cross-biome comparison of daily light use efficiency for gross primary production. Global Change Biology, 9(3): 383-395.

Welch L A, Allen D M. 2012. Consistency of groundwater flow patterns in mountainous topography: implications for valley bottom water replenishment and for defining groundwater flow boundaries. Water Resources Research, 48(5): W05526.

Wellman T P, Poeter E P. 2006. Evaluating uncertainty in predicting spatially variable representative elementary scales in fractured aquifers, with application to Turkey Creek Basin, Colorado. Water Resources Research, 420(8): 137-143.

Wilson D J, Western A W, Grayson R B. 2004. Identifying and quantifying sources of variability in temporal and spatial soil moisture observations. Water Resources Research, 40(2): 191-201.

Winter T C, Rosenberry D O, LaBaugh J W. 2003. Where does the ground water in small watersheds come from. Ground Water, 41(7): 989-1000.

Xiao X M, Zhang Q Y, Saleska S. 2005. Satellite-based modeling of gross primary production in a seasonally moist tropical evergreen forest. Remote Sensing of Environment, 94(1): 105-122.

Zhang L H, Jin X, He C S, et al. 2016. Comparison of SWAT and DLBRM for hydrological modelling of a mountainous watershed in arid northwest China. Journal of Hydrologic Engineering, 21(5): 04016007.

第 7 章 土壤水文性质的空间变异性
对水文过程的模拟分析

山区是指以海平面为基准，海拔大于 1000 m 的区域，其大约占陆地表面的 27%（Messerli and Ives，1997），被称为世界水塔（Immerzeel et al.，2010），给世界超过 1/6 的人口提供水资源（Viviroli et al.，2007）。一般来说，山区为流域产流区，能够提供流域大约 95% 的水资源量（Liniger et al.，1998）。在中国西北内陆河流域山区提供几乎所有的流域水资源（陈仁升等，2003）。由于流域上游高山区是流域中下游区域的主要产流区（He et al.，2009），精确估计山区径流量是流域水资源可持续管理的基础。

土壤含水量是控制主要陆地表面水文、生物地球化学和能量交换过程的重要因子（Vereecken et al.，2015）。土壤水分运动是四水转化中的重要环节，是连接降雨、蒸散发、下渗、地下水补给等水循环过程中的重要环节（Feng and Zhang，2015；Seneviratne et al.，2010）。但是山区地形复杂，土壤水分监测困难，导致高寒山区的土壤水分基本过程研究缺乏，目前高寒山区的土壤水文过程及方法研究还较少。同时，控制流域水文过程的关键土壤水文参数，如土壤饱和导水率、土壤深度、孔隙度、凋萎系数、田间含水量等，其野外时空分布规律认识仍比较匮乏。参数的缺失与土壤水分监测的不足增加了模型模拟的不确定性，导致山区水资源保护出现困难（Du et al.，2014；Viviroli et al.，2011）。山区土壤水分受复杂的气象水文及土壤物理条件和空间异质性极强的下垫面的影响和作用，因此产生了极其复杂的水文过程及与之联系的生态过程。目前，对这些过程的认识十分有限，结合高寒地区相关研究成果及传统物理水文规律，通过实验观测和模型模拟，获取高寒山区水文过程的基本规律、经验公式和关键参数，以及对整个过程进行简单有效的描述是当前高寒山区水文学研究的关键课题（Viviroli et al.，2007；McDonnell and Beven，2014；康尔泗等，2008；陈仁升等，2014）。

本章针对黑河上游祁连山区土壤水文基础数据与观测体系的缺乏，在研究区开展土壤采样及测量实验，从而分析研究黑河上游祁连山区关键土壤水文性质的空间异质性及其与环境因子的关系，研究山区不同植被类型下的土壤水文过程；同时，利用 SWAT 模型，基于实测土壤属性的空间异质性，分析祁连山区土壤水文性质的空间异质性对流域水文过程的影响，为祁连山区的生态-水文研究及流域水资源管理提供基础支撑。

7.1 对土壤入渗及土壤水分过程的影响分析

饱和导水率（K_S）是影响地表水分运移、存储与能量交换的关键水文参数（Lin，2010；Jarvis et al.，2013；Vereecken et al.，2015），同时也是水文模型的重要输入参数

（McDonnell and Beven，2014；Ghimire et al.，2014；Jin et al.，2015）。因此，研究 K_S 的空间变异对水文模拟与水资源管理有重要作用（Bonell et al.，2010；Ghimire et al.，2013）。然而，监测困难导致目前高寒山区土壤水力属性及土壤水文过程的研究很少（Mcmillan and Srinivasan，2015）。目前，大部分对 K_S 的研究都集中在小尺度上 K_S 的空间变化，包括田间尺度（Rachman et al.，2004；Strudley et al.，2008；Zimmermann and Elsenbeer，2008；Gwenzi et al.，2011）与坡面尺度变异（Wang et al.，2008；Chen et al.，2009；Archer et al.，2013；Ghimire et al.，2013；Liu et al.，2013）。K_S 的垂向变化也都是对小区域内少数几个剖面进行研究（Blanco-Canqui et al.，2002；Coquet et al.，2005；Wang et al.，2013a；Branham and Strack，2014；Schwen et al.，2014）。然而，K_S 的高变异性，导致很难将小尺度的观测结果应用至大尺度水文模型中（Wang et al.，2012；Brocca et al.，2012）。

通过将 K_S 与降雨结合在一起，可以分析土壤水文过程及主要暴雨径流路径（DSP）（陈仁升等，2006；Zimmermann et al.，2006；Hellebrand et al.，2007；Bonell et al.，2010；Archer et al.，2013；Ghimire et al.，2013），包括霍顿坡面流（HOF，当降雨超过表层土壤的入渗能力时发生），地下径流（SSF，由侧向地下径流结构而产生的侧向壤中流），深层入渗（DP，水渗透穿过土层）（Horton，1933；Scherrer and Naef，2003；Ghimire et al.，2014）。通过分析不同植被类型下的 K_S 的剖面变化，然后将不同土层 K_S 与降雨共同分析暴雨径流路径，研究高寒山区不同植被类型下饱和导水率的变异与土壤水文过程（Tian et al.，2017）。

7.1.1　饱和导水率测量

1. 野外采样方案

研究区的主要植被类型是草地（47%）、裸地（21%）和林地（14%）（冯起等，2013），主要土壤类型是高山草甸土、栗钙土、高山寒漠土（Li et al.，2009），主要土壤质地为砂土、粉砂壤土、砂壤土（USDA 土壤分类）。为了分析土地利用对土壤水力属性的影响，本书基于黑河上游植被面积与空间分布选取了 32 个代表土壤剖面。这 32 个剖面分散在黑河上游并包含了黑河上游的主要植被类型林地、草甸、高盖度草地（HCG）、中盖度草地（MCG）和裸地（Jin et al.，2015；Tian et al.，2017）（彩图 21）。由于黑河上游高寒山区地形陡峭，自然条件恶劣、道路稀少，32 个剖面能够代表研究区植被的空间分布。

在每个剖面，用环刀（直径=高=5 cm）取原状土，在每个采样点，取 5 层土样。第一、第二、第三、第四、第五层分别为 0～10 cm、10～20 cm、20～30 cm、30～50 cm 和 50～70 cm。在每一层，环刀垂向缓慢推入土壤中，使环刀最终处于每层的中心位置来代表该层的属性，且每层均取了 3 个重复样来求属性的平均值。同时，用自封袋来收集扰动样，并调查每个剖面的植被类型、土壤类型和根系深度数据。32 个剖面编号为 D1～D32。

K_S 作为一个高变异性的土壤水力属性，K_S 值随着测量体积大小的不同而变化（Lai and Ren，2007；Bormann and Klaasen，2008；Fodor et al.，2011）。虽然本书的研究采用小环刀法测量会忽略掉大孔隙而低估实际的 K_S 值，但是祁连山区的自然条件限制导致无法采用大仪器进行大范围测量，同时用环刀测量可以进行大尺度的垂向分层对比研究（Lado et al.，2004；Benjamin et al.，2008；Gwenzi et al.，2011；Yao et al.，2013；Schwen et al.，2014；Shabtai et al.，2014；Fu et al.，2015；Yang et al.，2016）。因此，环刀法更适合于山区大尺度剖面研究。最终，在 32 个剖面中，土层深度影响，导致 6 个剖面只有前 4 层，2 个剖面只有 3 层，其他剖面均有 5 层，共有 150 个样品（Tian et al.，2017）。

2. 实验分析

本书的研究用定水头法测量 K_S（Ilek and Kucza，2014；Fu et al.，2015）。首先，环刀样品在水槽中浸泡 48 h。然后，在环刀上套一个同样大小的空环刀，在两个环刀中间处用防水胶带等固定牢，防止漏水。在空环刀中加满水，将马利奥特瓶与空环刀用软管连通，用马利奥特瓶保持空环刀中的水位（定水位至环刀口处）。最终，流过土柱的水量用电子天平记录，每 5 分钟读数一次直至流速稳定为止（在 5 个连续读数间质量变化量在 0.05g 以内），实验温度（T，℃）用温度计测量并记录。实验温度下的饱和导水率（$K_{S,T}$）用式（7.1）计算，并用式（7.2）转化为 10℃时的 K_S（Gwenzi et al.，2011；依艳丽，2009；Ilek and Kucza，2014）（彩图 22）：

$$K_{S,T} = \frac{14.4 \times Q \times L}{A \times h \times t} \tag{7.1}$$

$$K_S = K_{S,T} \times \frac{1.359}{1 + 0.0337 \times T + 0.00022 \times T^2} \tag{7.2}$$

式中，14.4 为转化单位常数（将单位从 cm/min 转化为 m/d）；$K_{S,T}$ 为测量温度 T 时的饱和导水率（m/d）；Q 为测量时间间隔内通过土柱的流量（cm³）；L 为土柱长度（cm）；A 为土柱的横截面积（19.6 cm²）；h 为土柱上下的水头差（h=土柱高度加上空环刀的水位高=10 cm）；t 为测量间隔（5 min）；K_S 为 10℃时的土壤饱和导水率（m/d）。

测量结束之后，将原状土放入烘箱中 105℃烘干 24 h 并称重得干土加环刀重（m_1）与环刀重（m_2）、环刀体积（98.17 cm³），得到土壤干容重 [ρ_b=（m_1-m_2）/98.17；g/cm³]（Gwenzi et al.，2011）。土壤颗粒组成用马尔文激光粒度仪 2000 系列测定（王君波等，2007）。土壤质地分类按照土壤质地三角分类（soil survey division staff，1993 年）。土壤有机碳通过总有机碳分析仪进行测量（HT 1300，Analytik Jena AG）。

3. 数据处理

实验数据可能由于采样误差或仪器测量误差而包含异常值，异常值在本书的研究中被剔除。根据 Grubbs 检验，若实验数据满足式（7.3），则作为异常值被剔除（Grubbs，1950）。

$$\left| x_p - \bar{x} \right| \geqslant \lambda_{(a,n)} \cdot S \tag{7.3}$$

式中，$\bar{x}$ 为样本平均值；x_p 为实验数据；S 为标准差；$\lambda_{(a,n)}$ 为 Grubbs 检验的临界值，$\alpha=0.01$，n 为样本量。

经典描述统计量包括最大值、最小值和变异系数 $CV = \sigma \cdot u^{-1}$（σ 为标准差，u 为样本均值）。Kolmogorov-Smirnov 测试（$P<0.05$）结果表明，K_S 服从 log 转化的正态分布，因此 K_S 被 log10 正态转化（Bonell et al.，2010；Archer et al.，2013），以进行方差分析来检验不同植被类型与土壤类型对 K_S 的影响。方差分析均在 $P<0.05$ 的显著性水平下进行。随后，对 K_S 的剖面变化进行多项式拟合得到其垂向变化模式。最后，通过 1990~2009 年黑河上游 4 个气象站（祁连、托勒、野牛沟和肃南）降雨资料推求水文频率 IDF 曲线（intensity-duration-frequency，IDF），然后识别结合降水量与剖面 K_S，分析土壤径流路径与土壤水文过程。

水文频率曲线的计算方法如下：①基于 4 个气象站的最大 1 天降水量，利用 PIII 曲线计算 3 个指定回归期（回归期 RI 为 1 年，10 年，100 年）的最大 1 天降水量（$I_{1,p}$）；②利用公式（7.4）推求指定回归期的最大 24 h 降水量；③基于最大 24 h 降水量，利用暴雨的强度-历时关系 [式（7.5）]，将最大 24 h 降水量转化为所需历时（t：0.1~24 h）的最大暴雨量。

$$I_{24,p} = \eta \times I_{1,p} \tag{7.4}$$

$$\begin{cases} I_{t,p} = I_{24,p} \times 24^{(n_2-1)} \times t^{(1-n_2)} & 1\,h \leqslant t \leqslant 24\,h \\ I_{t,p} = I_{24,p} \times 24^{(n_2-1)} \times t^{(1-n_1)} & t < 1\,h \end{cases} \tag{7.5}$$

式中，η 为 $I_{24,p}$ 与 $I_{1,p}$ 之比（一般等于 1.15）；n_1 与 n_2 为暴雨参数，在祁连山区 $n_1=0.66$、$n_2=0.77$（牛最荣等，2004；梁忠民等，2006）。通过做以 $\log_{10}t$ 为 x 轴、不同回归期下的 $I_{t,p}$ 为 y 轴的曲线就得到暴雨的频率-强度-历时曲线（Koutsoyiannis et al.，1998）。

7.1.2　黑河上游饱和导水率分布及影响

黑河上游的 150 个样本土壤质地类型为粉砂壤土（114，76%）、粉砂土（19，13%）、砂质粉土（16，11%）。剖面在不同植被类型中的分布为中盖度草地（40%）、高盖度草地（25%）、草甸（19%）、林地（8%）、裸地（8%）。Grubbs 检验结果表明，有 6 个异常值被移除不做分析。方差分析（ANOVA）结果表明，不同植被类型下的土壤砂粒、粉粒、黏粒含量没有显著区别（表 7.1），说明该研究区不同植被类型下的土壤组成相似。对植被类型与土壤类型进行双向方差分析，结果见表 7.2。在该区土壤质地对 K_S 没有显著影响，植被类型对 K_S 的影响大于土壤质地对 K_S 的影响（$P<0.01$）（Kelishadi et al.，2014）（表 7.2）。

1. 植被类型对土壤属性的影响

由表 7.3 可知，粉粒（0.19）、黏粒（0.2）与土壤容重（0.24）的变异性属于中等强

表 7.1 不同植被类型下采样点的土壤颗粒组成方差分析

植被覆盖类型	砂粒/（50~2000 μm）	粉粒/（2~50μm）	黏粒/（<2μm）
林地（8%）	24.06a	69.24a	6.69a
草甸（19%）	32.31a	61.25a	6.43a
高盖度草地（25%）	22.39a	70.59a	6.98a
中盖度草地（40%）	27.27a	65.74a	6.95a
裸地（8%）	31.74a	62.11a	6.16a

注：字母 a 表明土壤颗粒组成在不同植被类型间、在 $P<0.05$ 水平上没有显著差异（LSD）。

表 7.2 不同植被类型与不同土壤类型的 K_S 双向方差分析

因子	DF	平方和	F 值	显著性
土壤质地	2	0.146	0.880	—
植被类型	4	1.293	3.891	**
相互作用	8	1.137	1.710	—
误差	96	7.977	—	—
总计	110	11.468	—	—

**表示在 $P<0.01$ 水平上显著。

度变异（0.16~0.35），砂粒（0.51）、土壤有机碳（0.97）、K_S（0.96）则属于强变异性（Wilding，1985）。这说明土壤有机碳与 K_S 的空间变异性很强，而土壤粒径组成的空间变异则较弱。土壤属性中土壤容重、有机碳与 K_S 受植被类型的显著影响，不同植被类型下容重变化为林地<高盖度草地<草甸<中盖度草地<裸地，有机碳为林地>草甸>高盖度草地>中盖度草地>裸地。这是由于更好的植被条件有更丰富的根系，有更丰富的生物活动，导致累积的有机碳含量更高，而植物根系的作用导致土壤更加疏松，从而导致容重更小。草甸则由于高寒草甸区多为放牧区，所以有机碳积累量多，同时草甸表层土壤细根系紧密，导致有机碳不容易流失（Wang et al.，2007）。相关分析结果表明，K_S 与土壤有机质（$r=0.075$）、砂粒含量（$r=0.09$）呈正相关关系，与容重（$r=-0.13$）、粉粒（$r=-0.09$）、黏粒含量（$r=-0.004$）均呈负相关关系，但 K_S 与土壤属性之间的相关性均未达到显著性水平。K_S 与容重及有机碳之间的关系可能是 K_S 以林地>草甸>高盖度草地>中盖度草地>裸地顺序递减的原因。

表 7.3 对土壤属性的描述性统计及在不同植被类型下的方差分析

	林地				高盖度草地				草甸				中盖度草地				裸地			
	最大值	最小值	平均值	CV	最大值	最小值	平均值	CV	最大值	最小值	平均值	CV	最大值	最小值	平均值	CV	最大值	最小值	平均值	CV
ρ_b^*	1.39	0.5	0.98	0.3	1.68	0.52	1.07	0.23	1.54	0.7	1.12	0.21	1.94	0.85	1.32	0.21	1.85	1.01	1.37	0.16
SOC*	13.77	0.2	6.75	0.55	14.51	0.3	3.96	0.92	12.06	0.18	5.54	0.57	9.19	0.11	1.71	1.27	1.61	0.3	1.06	0.4
砂粒	50.83	9.02	24.06	0.53	52.2	8.74	22.39	0.43	66.91	7.46	32.31	0.56	74.58	5.93	27.27	0.53	42.53	9.77	31.74	0.3
粉粒	83.36	44.59	69.24	0.17	85.26	42.79	70.59	0.13	86.46	29.88	61.25	0.28	86.98	22.98	65.74	0.21	82.89	51.41	62.11	0.15
黏粒	8.7	4.58	6.69	0.18	10.73	4.79	6.98	0.21	9.46	3.21	6.43	0.25	12.52	2.44	6.95	0.25	7.34	4.26	6.16	0.12
K_S^{**}	1.43	0.25	0.77	0.49	1.111	0.035	0.299	0.866	1.557	0.019	0.429	0.874	1.429	0.003	0.29	0.895	0.697	0.025	0.211	1.098

*，**分别表示在 0.05 与 0.01 水平下有显著差异。

注：ρ_b 为土壤容重，SOC 为有机碳。CV 表示变异系数。

资料来源：Tian et al.，2017。

2. 植被类型对 K_S 的影响

由表 7.4 可知，K_S 在 0～20 cm 内随深度以 0.01 m/（d·cm）的速率减小，在 20～70 cm 内以 0.0056 m/（d·cm）的速率递减。K_S 在剖面上递减趋势的变化可能与根系的分布有关（Wang et al.，2008）。一般来说，根系能增加 K_S，根据野外调查，研究区的根系主要集中在表层至 10～20 cm 范围内。K_S 的变异系数随着深度的增加而增加，其与 K_S 的平均值成反比，K_S 越小，其变异系数越大。

表 7.4　不同土层的 K_S 变化规律

层	最大值	最小值	平均值	CV
1	1.224	0.019	0.371**	0.780
2	1.557	0.003	0.471**	0.885
3	1.429	0.023	0.390**	0.901
4	1.443	0.019	0.382**	0.980
5	0.951	0.003	0.222**	1.241
平均	1.557	0.003	0.373	0.956

**表示不同土层的 K_S 在 $P < 0.01$ 水平下显著。

ANOVA 分析结果表明，不同土层的 K_S 有显著差异，多重比较（LSD）结果表明，只有第 5 层的 K_S 是显著低于前 4 层的，而前 4 层之间 K_S 没有显著差别。这是因为第 5 层没有根系，并且受土壤压实作用，导致 K_S 显著降低。由表 7.3 与彩图 23 可以看出，不同植被类型下的 K_S 均值变化为林地>草甸>高盖度草地>中盖度草地>裸地，表明 K_S 随着植被退化而逐渐降低。不同植被类型下 K_S 的变异系数为裸地>高盖度草地>草甸>中盖度草地>林地，与均值成反比。该研究结果与前人研究结果相似，均为 K_S 随着植被退化而降低（Godsey and Elsenbeer，2002；Li and Shao，2006；Ilstedt et al.，2007；Bonell et al.，2010；Price et al.，2010；Ghimire et al.，2013）。

如彩图 23 所示，只有第一层的 K_S 在不同植被类型下存在显著差异。多重比较分析表明，草甸与林地分别为 K_S 的最小值与最大值，另外 3 种类型之间无显著差异。Ghimire 等（2014）同样发现，不同植被类型下的 K_S 在 0～10 cm 差异最大。第二层的 K_S 变化为林地>草甸>高盖度草地>中盖度草地>裸地，该层 K_S 值不受植被类型的显著影响。K_S 在第三至第五层不同植被类型下的变化与前两层不同。第三与第四层的最小值均为高盖度草地，而最大值则分别为草甸与中盖度草地。但是第五层的变化则为草甸>中盖度草地>高盖度草地。因此，植被类型对 K_S 的影响主要表现在 0～10 cm，对于 10 cm 以下的土层 K_S，植被类型不是其变化的主要原因，并且仅有高盖度草地上不同土层之间的 K_S 存在显著差异。

3. 不同植被类型下 K_S 的垂向变化多项式拟合

采用多项式拟合来分析 K_S 沿深度的变化情况（Ibbitt and Woods，2004；Hwang et al.，

2012；Yao et al.，2013）。通过在 32 个土壤剖面上对 K_S 垂向变化进行多项式拟合，包括对 K_S 及正态转化（log10）后的 K_S 进行多项式拟合。多项式拟合为二项式拟合与三项式拟合，同时将每个剖面的根系范围画在图上分析 K_S 的剖面变化。此外，对于每种植被类型的平均 K_S 垂向变化，除了用多项式拟合之外还用指数函数进行拟合（Hwang et al.，2012）。最终，选取具有最高决定系数的拟合方程作为每个剖面的最佳拟合方程。由于根系的垂向分布通过影响土壤孔隙分布等方式能影响 K_S 的垂直分配（Gyssels et al.，2005；Santra et al.，2008；Chen et al.，2009；Scholl et al.，2014），因此将根系范围放入每个剖面的 K_S 变化中分析根系对 K_S 的影响（图 7.1）。

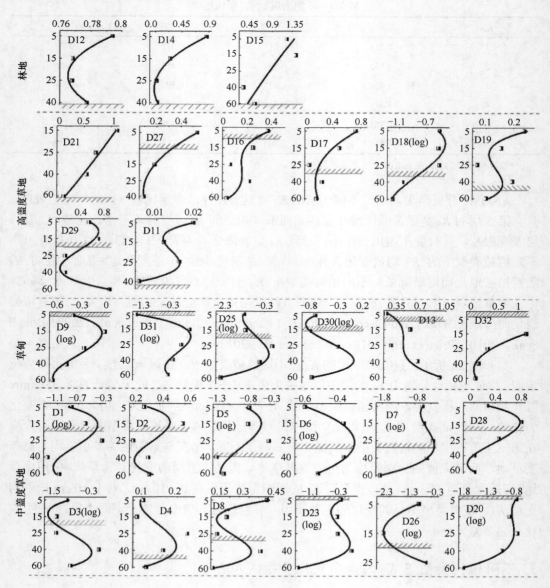

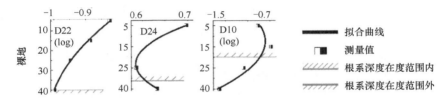

图 7.1　32 个剖面的多项式拟合方程以及根系深度

X 轴为 K_S 或 $\log K_S$ 的值/（m/d），Y 轴为深度/cm，（log）代表该方程为 log10 转化的 K_S

　　由图 7.1 与图 7.2 可以看出，每个剖面 K_S 的垂向变化均不相同，但是每种植被类型上 K_S 垂向变化模式比较相似。在林地上，K_S 在整个土壤剖面以 0.0198 m/（d·cm）的速率递减。这与林地的根系深度对应（林地的根系深度大于 50 cm），K_S 垂向变化的最佳拟合方程为二项式拟合。在草甸上，K_S 在 0～20 cm 以 0.024 m/（d·cm）的平均速率增加，在 20～70 cm 以 0.01 m/（d·cm）的平均速率递减，其最佳拟合方程为 log10 转化的三次方拟合。祁连山区的高山草甸的表层由于由大量根系紧密组成，且根系与土壤的长期相互作用形成一层草毡层（中国土壤系统分类研究丛书编委会，1994；Zeng et al.，2013），这层草毡层能够显著影响土壤的水力属性（Wang et al.，2007）。在高盖度草地上，K_S 总体随着深度波动减小，并且 K_S 的平均状态为在 0～70 cm 以 0.0055 m/（d·cm）的速率稳定减小。其最佳拟合方程为二项式拟合。由于高盖度草地的根系分布范围在表层至 35 cm 以内，可以推断出，对于高盖度草地，其根系可以增加 K_S。在中盖度草地上，平均 K_S 在 0～50 cm 以 0.0059 m/(d·cm)的速率增加，在 50～70 cm 则以 0.0017 m/(d·cm)的速率减小。其最佳拟合方程为三次方拟合。在裸地上，K_S 以 0.0023 m/（d·cm）的速率递减，最佳拟合方程为二项式拟合。这与裸地没有植被根系有关（Tian et al.，2017）。

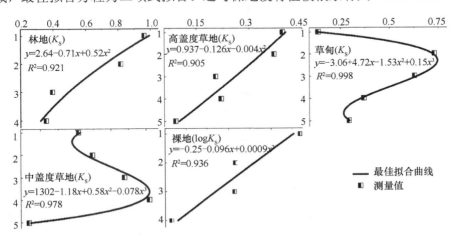

图 7.2　不同植被类型的平均剖面 K_S 多项式拟合方程

X 轴为 K_S 或 $\log K_S$ 的值/（m/d），Y 轴为深度/cm，（log）代表该方程为 log10 转化的 K_S

4. 不同植被类型的土壤水文过程

　　在 3 个指定回归期（1 年、10 年、100 年），将不同植被类型不同土层的 K_S 值加到历时为 0.1～48 h 的 IDF 曲线上，得到暴雨强度与剖面不同土层 K_S 的对比（彩图 24）。通过比较降雨强度与 K_S 的垂直分布，可以分析降雨过程中的土壤水文过程与主要暴雨径流路径（dominant stormflow pathways，DSP）（Zimmermann et al.，2006；Hellebrand et al.，2007；Bonell et al.，2010；Ghimire et al.，2013）。为了研究祁连山区不同植被类型的 DSP 与土壤水文过程，本书选取 1 年回归期的最大 6 min 雨强 I_{6max} 与 K_S 进行对比分析，研究典型降雨事件下的土壤水文过程（Ghimire et al.，2013），结果如图 7.3 所示。K_{S1}、K_{S2}、K_{S3}、K_{S4}、K_{S5} 分别用来代表第一、第二、第三、第四、第五的 K_S（Tian et al.，2017）。

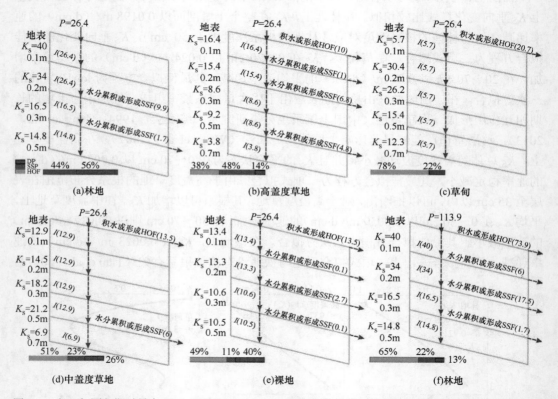

图 7.3　在 1 年回归期时最大 6 min 雨强（26.4 mm/h）下不同植被类型的土壤水文过程与主要暴雨径流路径［（a）～（e）］与 100 年回归期时最大 6 min 雨强（113.9 mm/h）下林地的土壤水文过程与 DSP（f）

雨强与 K_S 的单位均为 mm/h，HOF 为霍顿坡面流，SSF 为侧向壤中流，DP 为深层入渗；I 代表入渗，发生在整个剖面；括号中的数值代表相应径流类型的速率

由图 7.3（a）可以看出，林地上 $K_{S1}>K_{S2}>I_{6max}>K_{S3}>K_{S4}$。因此，降雨以 26.4 mm/h 的速率入渗通过前两层，然后分别在第三、第四层上以 9.9 mm/h 与 1.7 mm/h 的速率开始累积或在侧向径流条件下形成 SSF；最终，水以不同土层之间的 K_S 值及雨强之间的最小值（14.8 mm/h）形成垂向深层入渗通过整个剖面。该结果与其他人的研究结果相似，其他人研究表明，林地与退化草地相比，由于具有较高的导水率值，所以能够减少霍顿坡面流的发生，同时增加深层入渗的径流成分比例。由图 7.3（b）可以看出，高盖度草地上 $I_{6max}>K_{S1}>K_{S2}>K_{S4}>K_{S3}>K_{S5}$。因此，降雨能在地表以 10 mm/h 的速率产生积水

或者在地表径流条件下形成 HOF，并以 16.4 mm/h 的速率入渗穿过第一层。然后雨水分别以 1 mm/h、6.8 mm/h 的速率在第二、第三层表面累积或形成 SSF。之后雨水继续入渗穿过第二至第四层，并以 4.8 mm/h 的速率在第五层表面积累或形成 SSF，最终入渗穿过整个剖面。由图 7.3（c）可以看出，草甸上第一层的 K_S 是五层 K_S 的最小值并小于雨强。因此，雨水在地表以 20.7mm/h 的速率积水或形成 HOF，然后剩余的雨水全部以 5.7mm/h 的速率穿过整个土壤剖面而不产生 SSF。由图 7.3（d）可以看出，中盖度草地上 $I_{6max}>K_{S4}>K_{S3}>K_{S2}>K_{S1}>K_{S5}$。因此，雨水以 13.5mm/h 的速率在地表积水或者形成 HOF，然后雨水一直以 12.9 mm/h 的速率穿过第一至第四层。部分雨水以 6 mm/h 的速率在第五层累积或形成 SSF，大部分雨水以 6.9 mm/h 的速率穿过第五层形成深层渗漏。由图 7.3（e）可以看出，裸地上 $I_{6max}>K_{S1}>K_{S2}>K_{S3}>K_{S4}$。因此，雨水会在每个界面上，在径流条件下形成径流成分。首先，雨水在地表以 13 mm/h 的速率积水或形成 HOF。然后，雨水分别以 0.1 mm/h、2.7 mm/h、0.1 mm/h 的速率在第二、第三、第四层表面累积或形成 SSF。最后，部分雨水穿过整个土壤剖面。

对于其他回归期下的雨强，每种植被类型下的土壤水分响应及主要暴雨径流路径可以按照 1 年回归期依次分析。以 100 年回归期下的最大 6 分钟雨强为例，从图 7.3（f）可以看出，$I_{6max}>K_{S1}>K_{S2}>K_{S3}>K_{S4}$，此时林地的结果与之前 1 年回归期下的最大 6 分钟雨强结果类似。因此，雨水首先在地表以 73.9 mm/h 的速率积水或形成 HOF，然后分别以 6 mm/h、17.5 mm/h、1.7 mm/h 的速率在第二、第三、第四层表面累积或形成 SSF，最后部分雨水穿过整个土壤剖面。

每种植被类型下的 DSP 比例为每种植被类型下的 DSP 与雨强的比值，能反映不同植被类型下的径流成分比例。从图 7.3 可以看出，在 1 年回归期的最大 6 分钟雨强的情况下，HOF 主要在草甸（78%）、中盖度草地（51%）、裸地（49%）与高盖度草地（38%）下形成，只有森林无法形成 HOF。SSF 主要在高盖度草地（48%）、林地（44%）、中盖度草地（23%）与裸地（11%）形成，草甸不形成 SSF。不像其他 DSP，深层渗漏在所有植被类型下都发生，且以高盖度草地（14%）、草甸（22%）、中盖度草地（26%）、裸地（40%）、林地（56%）的顺序增加。

郝振纯和宗博（2013）的研究表明，黑河上游在 2000 年以前林地面积减少，在 2000 年之后林地面积增加。根据我们的分析结果，林地的变化直接影响深层渗漏的相应变化，从而影响基流量，这与党素珍等（2011）及张华等（2011）的研究结果一致。同时，Yin 等（2014）利用 SWAT 模拟分析黑河上游径流过程也得到与本书的研究一致的结果。总之，在 1 年回归期的最大 6 min 雨强下，不同植被类型的 DSP 不同。林地的 DSP 是深层渗漏，雨水穿过第一至第三层并在第三、第四层的表面分别形成 SSF。高盖度草地的 DSP 是 SSF，雨水在地表形成 HOF 并在第二、第三、第五层表面分别形成 SSF。对于草甸，由于草毡层的影响，DSP 是 HOF，雨水穿过整个剖面不形成 SSF。中盖度草地的 DSP 是 HOF，雨水穿过第二至第四层并在第五层表明形成 HOF。裸地的 DSP 是 HOF，并且雨水分别在第二、第三、第四层形成 SSF。这种主要径流过程的差异性必须在山区径流模拟时被考虑到。

总之，黑河上游 0～10 cm K_S 的空间变化主要受植被类型控制，10 cm 以下 K_S 的空间变化则不受植被控制。K_S 以林地、草甸、高盖度草地、中盖度草地、裸地的顺序递减。不同植被类型下 K_S 的垂向变化不同，林地、高盖度草地与裸地在剖面递减，草甸与中盖度草地则是先增加再减小。林地、裸地的 K_S 垂向变化拟合方式为二项式拟合，其他植被类型为三次项拟合方式。不同植被类型的土壤水文响应与主要暴雨径流路径不同。林地，大部分雨水穿过剖面形成深层渗漏，高盖度草地主要形成侧向壤中流，草甸主要形成地表坡面径流不形成侧向壤中流，中盖度草地和裸地也主要形成地表坡面径流同时形成侧向壤中流。祁连山区不同植被类型下，土壤水文响应的差异需要在山区水文模拟中被考虑到（Tian et al.，2017）。

7.2　对水文过程的影响模拟

　　土壤属性的空间异质性对流域水文过程的模拟有很大程度的影响（Boluwade and Madramootoo，2013；Jin et al.，2015）。但是一些水文模型自带的土壤属性数据库并不普遍适用。例如，SWAT 模型，其土壤属性数据库是针对北美土壤类型来设计的，其土壤分类和中国的土壤分类不同，土壤编码和名称也差别较大。而我国现有的土壤数据达不到模型要求的精度，我国现有土壤类型图中，西部地区主要是 1∶100 万的土壤图，仅东部地区有 1∶50 万的土壤图（熊毅和李锦，1984）。

　　目前，以 SWAT 模型为手段的研究对于土壤属性空间异质性的表达都是基于传统的土壤类型图，根据现有的土壤类型分布图建立起的土壤属性数据库不能表现土壤属性的空间异质性，它们将土壤水文性质在同一种土壤类型上进行了平均，即每种土壤类型不论其空间分布如何，都只有同一个属性值。但是，土壤属性的空间异质性很大，传统的方法并不能有效表达土壤属性的这种空间异质性，这会进一步影响水文模型的模拟结果。

　　本书的研究利用 SWAT 模型研究土壤水文异质性对黑河上游土壤水文过程的影响。由于黑河上游缺乏土壤属性数据，本书的研究基于黑河上游土壤样品实地采集和详细的实验室分析结果进行统计聚类分析，生成空间分布数据集，用其来代替模型原有的土壤属性数据集，驱动模型，模拟土壤水文异质性对流域水文过程的影响。

7.2.1　土壤属性数据归类处理

　　由于黑河上游缺乏土壤属性数据，本书的研究首先在黑河上游进行了土壤样品实地采集（彩图 25）和详细的实验室分析。采样方法在前面的章节已经述及，此处不再赘述。实验室分析的主要土壤性质包括饱和导水率（SOL_K，mm/h）、土壤湿容重（SOL_BD，g/cm³）、有效含水量（SOL_AWC，mm/mm）、土壤粒径分布（SOL_CLAY，SOL_SILT，SOL_SAND，%）。其中，K_S 使用定水头法测量（Amoozegar，1989），土壤容重是利用称重法进行的（Neitsch et al.，2009），有效含水量根据 Neitsch 等（2009）及 Klute（1986）的研究进行计算，土壤粒径分布采用马尔文激光粒度仪进行测算（Malven Instruments，Inc.，Mastersizer 2000）。本书的研究共采集黑河上游 97 个土壤样品点。假设每个土壤样品点的土壤属性数据能够代表其附近区域的土壤属性，首先利用 ArcGIS 软件，基于黑河上游土壤样品点生成每一个样点的泰森多边形。生成的泰森多边形共有 97 个，代表研究区域有 97 种土壤类型（彩图 26）。

为了进一步研究土壤水文性质的空间异质性对流域水文过程模拟的影响，本章采用动态约束聚类和分割（REDCAP）的空间聚类方法，对得到的黑河上游 97 种土壤类型进行空间聚类。本书的研究所使用的空间聚类方法为 REDCAP（Guo，2008；Benassi and Ferrara，2010），主要利用空间数据挖掘技术进行空间聚类。在 REDCAP 中，共有 6 种不同的空间聚类方法，分别为一阶单连锁聚类法（first-order single-linkage clustering）、一阶平均连锁聚类法（first-order average-linkage clustering）、一阶完全连锁聚类法（first-order complete-linkage clustering）、全阶单连锁聚类法（full-order single-linkage clustering）、全阶平均连锁聚类法（full-order average-linkage clustering）和全阶完全连锁聚类法（full-order complete-linkage clustering）。其中，全阶完全连锁聚类法的空间聚类效果最好（Guo，2008）。因此，本书的研究采用全阶完全连锁聚类法对上面提到的 97 种土壤类型进行空间聚类。主要步骤包括利用被聚类数据在空间上的连续性，生成在空间上连续的树结构或继承关系；优化提前定义好的同质性或异质性目标函数，以划分上一步生成的树结构来达到空间聚类的目的（Guo，2008；Benassi and Ferrara，2010；Jin et al.，2015）。

全阶完全连锁聚类法计算了距离最远的两个点的差异，并把这种差异看作两个类型之间的距离，具体计算如式（7.6）所示：

$$d_{\text{CLK}}(L,M) = \max_{u \in L, v \in M}(d_{uv}) \tag{7.6}$$

式中，L 和 M 代表不同的两个类型；$u \in L, v \in M$ 表示数据点；d_{uv} 表示 u 和 v 的差异。

全阶完全连锁聚类法考虑了在空间聚类过程中的所有边界。它在进行了每一次合并之后，都会更新邻接矩阵并产生不同于之前的树结构。接着，将会得到很多子树，每一个子树都对应着一个空间上连续的区域。这个过程迭代进行，最终会产生最大的同质性链。这个过程将一直持续，直到空间聚类过程中总体的异质性变得最小。

由此得到，黑河上游具有 80 种、60 种、40 种、20 种土壤类型的 4 种土壤类型图及其对应的土壤属性数据库（彩图 27）。除此之外，本章也将甘肃省土壤类型图（1：1 000000）及其对应的土壤属性数据输入 SWAT 模型中，将模拟效果与基于上述各个土壤类型图的 SWAT 模拟效果进行对比分析。不同的土壤类型图对应的 SWAT 模型基本计算单元、HRU 的数量如图 7.4 所示。在其他输入数据不变的情况下，土壤类型越多，其对应的 HRU 数量越多，也就是说，模型计算的复杂度就越高。不同划分类型下 HRU 数量对应的区域内变异系数见表 7.5。土壤类型划分数量越多，其变异系数越小，导致区域内土壤趋于均质化。

7.2.2 流域土壤性质对水文过程的影响

基于不同土壤类型图（C97，C80，C60，C40，C20，C0），本书的研究对比了 SWAT 模型校准前、后模拟的流量过程线（彩图 28），以及不同模型模拟评价因子（表 7.6，表 7.7）。

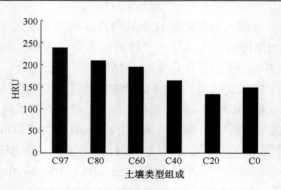

图 7.4　不同土壤类型图对应的 HRU 数量

空间聚类后拥有不同数量土壤类型的土壤类型图及其数据库为 C97、C80、C60、C40、C20，甘肃省土壤类型图及其数据库为 C0

表 7.5　不同土壤分类的离差平方和

分类	离差平方和
C20	1.17
C40	0.3
C60	0.06
C80	0.01
C97	2.78×10^{-15}

表 7.6　不同土壤类型图对应的 SWAT 模型校准前月径流模拟效果评价

	C97	C80	C60	C40	C20	C0
NSE	0.69	0.68	0.67	0.68	0.71	0.46
PBIAS/%	24.46	24.23	24.28	24.45	25.03	−42.37
RSR	0.56	0.56	0.57	0.56	0.54	0.73

表 7.7　不同土壤类型图对应的 SWAT 模型校准后月径流模拟效果评价

	C97	C80	C60	C40	C20	C0
NSE	0.92	0.92	0.92	0.92	0.93	0.82
PBIAS/%	4.07	4.51	7.52	7.94	9.19	12.70
RSR	0.28	0.28	0.28	0.28	0.27	0.43

结果表明，C0 模拟效果最差，而 C97、C80、C60、C40 和 C20 模拟效果好。因此，通过详细的野外数据采集并进行了空间聚类分析的土壤数据能更好地代表土壤水文性质的空间异质性，将其作为 SWAT 模型输入所得到的黑河上游出山径流量模拟效果更佳。基于土壤采样获取的土壤属性数据更能表达出土壤水文性质的空间异质性，并产生更好的模拟结果。获取高精度的土壤属性数据对提高流域尺度模型模拟的精度非常重要（Jin et al.，2015）。

参 考 文 献

陈仁升, 康尔泗, 丁永建. 2014. 中国高寒区水文学中的一些认识和参数. 水科学进展, 25(3): 307-317.

陈仁升, 康尔泗, 吕世华, 等. 2006. 内陆河高寒山区流域分布式水热耦合模型(Ⅱ): 地面资料驱动结果. 地球科学进展, 21(8): 819-829.

陈仁升, 康尔泗, 杨建平, 等. 2003. 内陆河流域分布式日出山径流模型——以黑河干流山区流域为例. 地球科学进展, 18(2): 198-206.

党素珍, 王中根, 刘昌明. 2011. 黑河上游地区基流分割及其变化特征分析. 资源科学, 33(12): 2232-2237.

冯起, 苏永红, 司建华, 等. 2013. 黑河流域生态-水文样带调查. 地球科学进展, 28(2): 187-196.

郝振纯, 宗博. 2013. 黑河上游土地利用与覆被变化特征. 中国农村水利水电, (10): 115-118.

康尔泗, 陈仁升, 张智慧, 等. 2008. 内陆河流域山区水文与生态研究. 地球科学进展, 23(7): 675-681.

梁忠民, 钟平安, 华家鹏. 2006. 水文水利计算. 北京: 中国水利水电出版社.

牛最荣, 扈祥来, 张正强, 等. 2004. 甘肃省最大点雨量量级分布规律及其暴雨衰减指数分析. 水文, 24(4): 21-25.

王君波, 鞠建廷, 朱立平. 2007. 两种激光粒度仪测量湖泊沉积物粒度结果的对比. 湖泊科学, 19(5): 509-515.

熊毅, 李锦. 1984. 中国土壤图集的编制原则和内容. 土壤, 16(1): 3-6.

依艳丽. 2009. 土壤物理研究法. 北京: 北京大学出版社.

张华, 张勃, 赵传燕. 2011. 黑河上游多年基流变化及其原因分析. 地理研究, 30(8): 1421-1430.

中国土壤系统分类研究丛书编委会. 1994. 中国土壤系统分类新论. 北京: 科学出版社.

Amoozegar A. 1989. A compact constant-head permeameter for measuring saturated hydraulic conductivity of the vadose zone. Soil Science Society of America Journal, 53(5): 1356-1361.

Archer N A L, Bonell M, Coles N, et al. 2013. Soil characteristics and landcover relationships on soil hydraulic conductivity at a hillslope scale: a view towards local flood management. Journal of Hydrology, 497: 208-222.

Benassi F, Ferrara R. 2010. Regionalization with dynamically constrained agglomerative clustering and partitioning. An application on spatial segregation of foreign population in Italy at regional level. 45th scientific meeting of the Italian statistical society; V01. 29.

Benjamin J G, Mikha M M, Vigil M F. 2008. Organic carbon effects on soil physical and hydraulic properties in a semiarid climate. Soil Science Society of America Journal, 72(5): 1357-1362.

Blanco-Canqui H, Gantzer C J, Anderson S H, et al. 2002. Saturated hydraulic conductivity and its impact on simulated runoff for claypan soils. Soil Science Society of America Journal, 66(5): 1596-1602.

Boluwade A, Madramootoo C. 2013. Modeling the impacts of spatial heterogeneity in the castor watershed on runoff, sediment, and phosphorus loss using SWAT: I. impacts of spatial variability of soil properties. Water Air & Soil Pollution, 224(10): 1-16.

Bonell M, Purandara B, Venkatesh B, et al. 2010. The impact of forest use and reforestation on soil hydraulic conductivity in the Western Ghats of India: implications for surface and sub-surface hydrology. Journal of Hydrology, 391(1): 47-62.

Bormann H, Klaasen K. 2008. Seasonal and land use dependent variability of soil hydraulic and soil hydrological properties of two Northern German soils. Geoderma, 145(3-4): 295-302.

Branham J E, Strack M. 2014. Saturated hydraulic conductivity in Sphagnum-dominated peatlands: do microforms matter? Hydrological Processes, 28: 4352-4362.

Brocca L, Tullo T, Melone F, et al. 2012. Catchment scale soil moisture spatial–temporal variability. Journal of Hydrology, 422-423(1): 63-75.

Chen X, Zhang Z C, Chen X H, et al. 2009. The impact of land use and land cover changes on soil moisture and hydraulic conductivity along the karst hillslopes of southwest China. Environmental Earth Sciences, 59(4): 811-820.

Coquet Y, Vachier P, Labat C. 2005. Vertical variation of near-saturated hydraulic conductivity in three soil profiles. Geoderma, 126(3): 181-191.

Du E, Link T E, Gravelle J A, et al. 2014. Validation and sensitivity test of the distributed hydrology soil-vegetation model(DHSVM)in a forested mountain watershed. Hydrological Processes, 28(26): 6196-6210.

Feng H, Zhang M. 2015. Global land moisture trends: drier in dry and wetter in wet over land. Scientific Reports, 5(12): 18018.

Fodor N, Sándor R, Orfanus T, et al. 2011. Evaluation method dependency of measured saturated hydraulic conductivity. Geoderma, 165(1): 60-68.

Fu T G, Chen H S, Zhang W, et al. 2015. Vertical distribution of soil saturated hydraulic conductivity and its influencing factors in a small karst catchment in Southwest China. Environmental Monitoring and Assessment, 187(3): 1-13.

Ghimire C P, Bonell M, Bruijnzeel L A, et al. 2013. Reforesting severely degraded grassland in the Lesser Himalaya of Nepal: effects on soil hydraulic conductivity and overland flow production. Journal of Geophysical Research Earth Surface, 118(4): 2528-2545.

Ghimire C P, Bruijnzeel L A, Bonell M, et al. 2014. The effects of sustained forest use on hillslope soil hydraulic conductivity in the Middle Mountains of Central Nepal. Ecohydrology, 7(2): 478-495.

Godsey S, Elsenbeer H. 2002. The soil hydrologic response to forest regrowth: a case study from southwestern Amazonia. Hydrological Processes, 16(7): 1519-1522.

Grubbs F E. 1950. Sample criteria for testing outlying observations. The Annals of Mathematical Statistics, 21(1): 27-58.

Guo D S. 2008. Regionalization with dynamically constrained agglomerative clustering and partitioning (REDCAP). International Journal of Geographical Information Science, 22(7): 801-823.

Gwenzi W, Hinz C, Holmes K, et al. 2011. Field-scale spatial variability of saturated hydraulic conductivity on a recently constructed artificial ecosystem. Geoderma, 166(1): 43-56.

Gyssels G, Poesen J, Bochet E, et al. 2005. Impact of plant roots on the resistance of soils to erosion by water: a review. Progress in Physical Geography, 29(2): 189-217.

He C S, Demarchi C, Croley II T E, et al. 2009. Hydrologic modeling of the Heihe watershed by DLBRM in Northwest China. Journal of Glaciology and Geocryology, 1(5): 432-442.

Hellebrand H, Hoffmann L, Juilleret J, et al. 2007. Assessing winter storm flow generation by means of permeability of the lithology and dominating runoff production processes. Hydrology and Earth System Sciences, 11(5): 1673-1682.

Horton R E. 1933. The Rôle of infiltration in the hydrologic cycle. Eos Transactions American Geophysical Union, 14(1): 446-460.

Hwang T, Band L E, Vose J M, et al. 2012. Ecosystem processes at the watershed scale: hydrologic vegetation gradient as an indicator for lateral hydrologic connectivity of headwater catchments. Water Resources Research, 48(6): 109-119.

Ibbitt R, Woods R. 2004. Re-scaling the topographic index to improve the representation of physical processes in catchment models. Journal of Hydrology, 293(1-4): 205-218.

Ilek A, Kucza J. 2014. A laboratory method to determine the hydraulic conductivity of mountain forest soils using undisturbed soil samples. Journal of Hydrology, 519(B): 1649-1659.

Ilstedt U, Malmer A, Verbeeten E, et al. 2007. The effect of afforestation on water infiltration in the tropics: a systematic review and meta-analysis. Forest Ecology and Management, 251(1-2): 45-51.

Immerzeel W W, van Beek L P, Bierkens M F. 2010. Climate change will affect the Asian water towers. Science, 328(5984): 1382-1385.

Jarvis N, Koestel J, Messing I, et al. 2013. Influence of soil, land use and climatic factors on the hydraulic conductivity of soil. Hydrology and Earth System Sciences, 17(12): 5185-5195.

Jin X, Zhang L H, Gu J, et al. 2015. Modelling the impacts of spatial heterogeneity in soil hydraulic properties on hydrological process in the upper reach of the Heihe River in the Qilian Mountains, Northwest China. Hydrological Processes, 29(15): 3318-3327.

Kelishadi H, Mosaddeghi M R, Hajabbasi M A, et al. 2014. Near-saturated soil hydraulic properties as influenced by land use management systems in Koohrang region of central Zagros, Iran. Geoderma, 213(1): 426-434.

Klute A. 1986. Methods of soil analysis. Part 1. Physical and mineralogical methods. American Society of Agronomy Inc. Madison, Wisconsin, USA.

Koutsoyiannis D, Kozonis D, Manetas A. 1998. A mathematical framework for studying rainfall intensity-duration-frequency relationships. Journal of Hydrology, 206(1-2): 118-135.

Lado M, Paz A, Ben-Hur M. 2004. Organic matter and aggregate-size interactions in saturated hydraulic conductivity. Soil Science Society of America Journal, 68(1): 234-242.

Lai J B, Ren L. 2007. Assessing the size dependency of measured hydraulic conductivity using double-ring infiltrometers and numerical simulation. Soil Science Society of American Journal, 71(6): 1667-1675.

Li Y Y, Shao M A. 2006. Change of soil physical properties under long-term natural vegetation restoration in the Loess Plateau of China. Journal of Arid Environments, 64(1): 77-96.

Li Z, Xu Z, Shao Q, Yang J. 2009. Parameter estimation and uncertainty analysis of SWAT model in upper reaches of the Heihe river basin. Hydrological Processes, 23(19): 2744-2753.

Lin H. 2010. Earth's Critical Zone and hydropedology: concepts, characteristics, and advances. Hydrology and Earth System Sciences, 14(1): 25-45.

Liniger H, Weingartner R, Grosjean M. 1998. Mountains of the world: water towers for the 21st Century. Ambio, 13(7): 29-34.

Liu H, Zhao W Z, He Z B. 2013. Self-organized vegetation patterning effects on surface soil hydraulic conductivity: a case study in the Qilian Mountains, China. Geoderma, 192(1): 362-367.

McDonnell J J, Beven K. 2014. Debates-the future of hydrological sciences: a(common)path forward? A call to action aimed at understanding velocities, celerities and residence time distributions of the headwater hydrograph. Water Resources Research, 50(6): 5342-5350.

Mcmillan H K, Srinivasan M S. 2015. Controls and characteristics of variability in soil moisture and groundwater in a headwater catchment. Hydrology & Earth System Sciences Discussions, 11(8): 9475-9517.

Messerli B, Ives J D. 1997. Mountains of the World. New York, The Parthenon Publishing Group Inc.

Neitsch S L, Arnold J G, Kiniry J R, et al. 2009. Soil and Water Assessment Tool Theoretical Documentation. College Station: Texas Water Resources Institute Report. http: //swat.tamu.edu/documentation/2014-1-23.

Price K, Jackson C R, Parker A J. 2010. Variation of surficial soil hydraulic properties across land uses in the southern Blue Ridge Mountains, North Carolina, USA. Journal of Hydrology, 383(3-4): 256-268.

Rachman A, Anderson S H, Gantzer C J, et al. 2004. Soil hydraulic properties influenced by stiff-stemmed grass hedge systems. Soil Science Society of America Journal, 68(4): 1386-1393.

Santra P, Chopra U, Chakraborty D. 2008. Spatial variability of soil properties and its application in predicting surface map of hydraulic parameters in an agricultural farm. Current Science, 95(7): 937-945.

Scherrer S, Naef F. 2003. A decision scheme to indicate dominant hydrological flow processes on temperate grassland. Hydrological Processes, 17(2): 391-401.

Scholl P, Leitner D, Kammerer G, et al. 2014. Root induced changes of effective 1D hydraulic properties in a soil column. Plant & Soil, 381(1-2): 193-213.

Schwen A, Zimmersmann M, Bodner G. 2014. Vertical variations of soil hydraulic properties within two soil profiles and its relevance for soil water simulations. Journal of Hydrology, 516: 169-181.

Seneviratne S I, Corti T, Davin E L, et al. 2010. Investigating soil moisture-climate interactions in a changing climate: a review. Earth-Science Reviews, 99(3-4): 125-161.

Shabtai I, Shenker M, Edeto W, et al. 2014. Effects of land use on structure and hydraulic properties of Vertisols containing a sodic horizon in northern Ethiopia. Soil and Tillage Research, 136: 19-27.

Soil Survey Division Staff. 1993. Soil survey manual. US Department of Agriculture Handbook No. 18. Washington D C: Soil Conservation Service. GPO.

Strudley M W, Green T R, Ascough Ii J C. 2008. Tillage effects on soil hydraulic properties in space and time: state of the science. Soil and Tillage Research, 99(1): 4-48.

Tian J, Zhang B, He C, et al. 2017. Variability in soil hydraulic conductivity and soil hydrological response under different land covers In the mountainous area of the Heihe river watershed, Northwest China. Land Degradation & Development, 28(4): 1437-1449.

Vereecken H, Huisman J A, Franssen H J H, et al. 2015. Soil hydrology: recent methodological advances, challenges, and perspectives. Water Resources Research, 51(4): 2616-2633.

Viviroli D, Archer D R, Buytaert W, et al. 2011. Climate change and mountain water resources: overview and recommendations for research, management and policy. Hydrology and Earth System Sciences, 15(2): 471-504.

Viviroli D, Dürr H H, Messerli B, et al. 2007. Mountains of the world, water towers for humanity: typology, mapping, and global significance. Water Resources Research, 43(7): 685-698.

Wang G X, Wang Y B, Li Y S, et al. 2007b. Influences of alpine ecosystem responses to climatic change on soil properties on the Qinghai-Tibet Plateau, China. Catena, 70(3): 506-514.

Wang T J, Zlotnik V A, Wedin D, et al. 2008. Spatial trends in saturated hydraulic conductivity of vegetated dunes in the Nebraska Sand Hills: effects of depth and topography. Journal of Hydrology, 349(1-2): 88-97.

Wang Y Q, Shao M A, Liu Z P. 2012. pedotransfer functions for predicting soil hydraulic properties of the Chinese Loess Plateau. Soil Science, 177(7): 424-432.

Wang Y Q, Shao M A, Liu Z P. 2013a. Vertical distribution and influencing factors of soil water content within 21m profile on the Chinese Loess Plateau. Geoderma, 193-194: 300-310.

Wang Y Q, Shao M A, Liu Z P, et al. 2013b. Regional-scale variation and distribution patterns of soil saturated hydraulic conductivities in surface and subsurface layers in the loessial soils of China. Journal of Hydrology, 487(2): 13-23.

Wilding L P. 1985. Spatial variability: its documentation, accommodation and implication to soil survey. In Soil Spatial variability, Nielsen D R, Bouma J (eds). Pudoc: Wageningen: 166-194.

Yang J, Nie Y P, Chen H S, et al. 2016. Hydraulic properties of karst fractures filled with soils and regolith materials: implication for their ecohydrological functions. Geoderma, 276: 93-101.

Yao S X, Zhang T H, Zhao C C, et al. 2013. Saturated hydraulic conductivity of soils in the Horqin Sand Land of Inner Mongolia, Northern China. Environmental Monitoring and Assessment, 185(7): 6013-6021.

Yin Z L, Xiao H L, Zou S B, et al. 2014. Simulation of hydrological processes of mountainous watersheds in inland river basins: taking the Heihe Mainstream River as an example. Journal of Arid Land, 6(1): 16-26.

Zeng C, Zhang F, Wang Q J, et al. 2013. Impact of alpine meadow degradation on soil hydraulic properties over the Qinghai-Tibetan Plateau. Journal of Hydrology, 478(2): 148-156.

Zimmermann B, Elsenbeer H. 2008. Spatial and temporal variability of soil saturated hydraulic conductivity in gradients of disturbance. Journal of Hydrology, 361(1-2): 78-95.

Zimmermann B, Elsenbeer H, de Moraes J M. 2006. The influence of land-use changes on soil hydraulic properties: implications for runoff generation. Forest Ecology and Management, 222(1): 29-38.

第8章 结论和建议

土壤是联系大气水、地表水、地下水和植物水并进行水分交换的核心地带。土壤水文性质的空间异质性，即土壤水文性质的时空分布和变化特征直接影响地球表面化学、气候、生态和水文过程及其相互作用，揭示土壤水文性质的空间分布特征是研究流域生态-水文过程的基础工作。黑河流域地处中国西北干旱半干旱区，降水少，蒸发量大，是水资源严重匮乏地区。黑河上游是整个黑河流域的产流区，出山径流量的大小决定了中游绿洲和下游荒漠的可用水量。由于受到地形、母质、生物、气候等自然因素和人为活动的综合作用，土壤类型有明显的区域性和地带性差异，与其相对应的土壤水文性质特征差异也比较大。

本书的研究在黑河上游干流区域和中西部水系建立样点-样带-流域土壤水文性质观测体系，测定土壤水文属性并观测相应水文过程，揭示土壤水文性质空间异质性；结合空间统计方法，阐明土壤水文异质性分布与环境因子的关系，发展空间尺度拓展方法；改进现有分布式水文模型，以适用于黑河上游由冰川、冻土、森林、草原及荒漠组成的复杂生态-水文系统研究；借助水文模型模拟流域水文过程，分析土壤水文性质的空间异质性对水文过程的影响机制，得出的主要结论如下。

（1）基于美国农业部土壤分类标准分析研究表明，黑河上游地区土壤类型主要为壤土、壤砂土、砂质黏壤土、砂壤土、粉土、粉壤土及粉质黏壤土。其中，粉壤土及壤土是上游最主要的两种类型。

（2）基于土地利用图和 CA-Markov 模型对黑河上游近 20 年间的土地利用数据进行模拟分析和验证得知，黑河上游主要土地利用/覆被类型是林地、草地和裸地。2001 年前，研究区各土地利用类型间的主要转化方向是林地向草地的转化和草地向裸地的转化；2002～2009 年，研究区各土地利用类型的主要转化方向是裸地、草地向林地的转化，以及裸地向草地的转化。

（3）黑河流域上游山区植被 NPP 较高，其中草地的 NPP 在全流域 NPP 年总量的比重最大（高达 53%）。

（4）基于采样数据和空间统计分析发现，流域尺度上，黑河上游土壤水分分布具有"东高西低"的空间分布特征。东、中、西 3 个区域中，西部土壤水分受到环境因子的影响最大，变异性最强，而中部地区变异性最小，东部地区略高于中部。在剖面尺度上，黑河上游土壤水分在剖面的垂向分布上呈现出表层异质性明显，随着土层深度的增加，水分异质性逐渐减弱。在不同植被类型下，土壤水分稳定性最强的深度有所不同，草地的土壤水分稳定性深度为 50~70 cm、高山草甸为 10~20 cm、林地为 20~30 cm、裸岩石砾地为 30~50 cm。不同季节土壤水分分布为夏季最大，春季和秋季其次，冬季最低。

（5）影响黑河上游土壤水分空间分布最主要的环境因子是植被盖度、海拔及坡面坡度，次序为植被盖度＞海拔＞坡度。不同植被类型对应的土壤水分分布不同，土壤水分含量变化规律为高山草甸>森林>草地>荒漠。土壤属性中黏粒含量对土壤水分的影响较明显。影响土壤水分的地形因子主要是坡度和坡向。其中，土壤水分和坡度、坡向之间呈显著负相关关系，而与海拔呈显著正相关关系。随着坡度的增加，土壤水分呈现降低的趋势；坡向越朝北土壤水分含量越高，阴坡土壤水分含量较阳坡高；随着海拔的增加，土壤水分含量则呈现增加趋势。

（6）基于定位观测点实测土壤水分数据进行评估，SMOS 遥感土壤水分产品能反映研究区内表层土壤水分时间变化趋势，但低估了研究区土壤水分值。SMOS 产品对于植被辐射反演效果好于土壤辐射反演效果，所以其在植被覆盖度越高的区域与实测值的拟合程度越高。同时，SMAP 三级（L3）和四级（L4）产品均能很好地反映研究区内表层土壤水分时间变化趋势，在点尺度未达到 SMAP 产品目标精度，在流域尺度上均达到了该目标精度。与 L4 产品相比，L3 产品在研究区精度更高。对 MODIS NDVI 和地表温度（LST）产品进行转换处理，结合实测数据，建立多元线性回归方程，估算流域尺度 0~70 cm 不同层次生长季的土壤水分，发现模拟结果与实测土壤水分值拟合度较高，说明可以结合土壤水分观测数据和遥感产品评价流域尺度土壤水分变化趋势。

（7）采用比较 SPI、水文干旱指数和帕默尔干旱指数分别评价黑河上游干旱事件。结果表明，水文干旱指数对干旱具有敏感性，能够有效地对干旱进行检测。但是，在月尺度上，降水到径流形成，再通过坡面汇流、河网汇流至出口断面需要很长时间，因而水文干旱指数显示出的干旱时间相对 SPI 指数而言存在一定的滞后性。而 SPI 对水分支出和地表水平衡反映的不足，使其难以反映干旱的内在机理，对干旱反映的持续性较差。PDSI 指数在计算过程中引入了水量平衡概念，综合考虑前期降水、水分需求、实际蒸散量和潜在蒸散量等要素，能反映出干旱的累积效应，持续性较高。因此，PDSI 更加适用于反映黑河上游地区的干旱变化特征。

（8）将山区基岩裂隙水运动概化为孔隙介质运动，应用 MODFLOW 模型研究黑河上游山区大都麻河地下水径流模式，并且模拟山区基岩补给量，用直线分割法得到基流，同时用水量平衡来验证模型。结果表明，山区地下水位线形状与地形关系密切，受地形影响较大。在山脊附近的水位较高；随着地形的下降，水位也逐渐下降，且表层地下水流动受地形的影响较大，地下水从山脊流向河流。底层地下水流场受地形的影响已经很小，地下水从边界处越过河流汇往流域出口，河流已经不再是地下水流的汇水点。基于模拟结果分析得到，山区年基流量为地表径流量的 75%~80%，地下水蒸散发为潜在蒸发量的 36%左右，可为未来山区地下水勘探提供参考。

（9）比较分析不同流域水文模型在黑河上游的模拟结果表明，各类模型对径流量在月尺度的模拟性能均优于日尺度模拟。若仅对上游出口断面莺落峡的径流量进行评估，与分布式物理机制模型相比，分布式概念型模型，如 DLBRM、WEP-Heihe 在黑河上游的模拟性能更好。尽管取得了一定进展，黑河上游水文模拟依然存在一定困难。首先，黑河上游位于祁连山区，使得准确描述该地区气温、降水等气象要素及其空间变异性变得十分困难。其次，黑河上游特殊的地理位置使得该地区水文过程涉及寒区水文过程、冰川水文过程、冻土水文过程和干旱区水文过程诸多方面。尤其是冰川冻土对水文过程的影响，在当前水文模型中均未能准确描述体现。最后，黑河上游地表水地下水频繁转换，模型无法准确模拟其相互作用过程。因此，水文模型在高寒山区的改进及应用极其重要。

（10）黑河上游 0～10 cm K_S 的空间变化主要受植被类型控制，10 cm 以下 K_S 的空间变化则不受植被控制。K_S 以林地、草甸、高盖度草地、中盖度草地、裸地的顺序递减。不同植被类型下，K_S 的垂向变化不同，林地、高盖度草地与裸地是在剖面递减，草甸与中盖度草地则是先增加再减小。林地、裸地的 K_S 垂向变化拟合方式为二项式拟合，其他植被类型为三项式拟合。不同植被类型下的土壤水文响应与主要暴雨径流路径也不相同。林地上大部分雨水穿过剖面形成深层渗漏，高盖度草地上主要形成侧向壤中流，草甸上主要形成地表坡面径流不形成侧向壤中流，中盖度草地和裸地上也主要形成地表坡面径流同时形成侧向壤中流。

（11）基于采集到的黑河上游土壤数据，利用 REDCAP 的空间聚类方法，对采集的97 个土壤样点进行空间聚类，由此得到具有 20 种、40 种、60 种、80 种及 97 种土壤类型的 5 种土壤类型图和对应的土壤属性数据库，并将其输入 SWAT 模型中进行模拟分析。结果表明，基于野外采样并进行了空间聚类分析的土壤数据能更好地代表土壤水文性质的空间异质性，将其作为 SWAT 模型输入所得到的黑河上游出山径流量模拟结果更佳。因此，获取更详细、精确的土壤数据对于提高流域尺度上水文模型的模拟精度非常重要。

在地形复杂的黑河上游祁连山区，土壤水文异质性和水文过程受气象、植被、土壤、地形和土地利用等多种环境因子的共同影响。为深化土壤水文异质性对流域水文过程的影响，在未来的研究中应进一步加强山区土壤水文过程的观测体系，包括不同海拔和地形、冰川水文过程、冻土水文过程、地表水地下水相互转化过程、不同植被蒸散发过程诸多方面，从而在不同时间尺度（小时、日、月、季度、年际）和空间尺度（包括样点、景观尺度、坡面尺度、流域尺度和区域尺度）上深入开展土壤水文异质性对流域水文过程的影响机理，更准确地提供生态-水文过程相关参数，提高流域水文模拟的连续性和准确性，为流域模型集成、水资源评价、合理配置和高效管理提供科学依据和支持，推动流域生态环境保护和社会经济系统可持续发展。

彩　　图

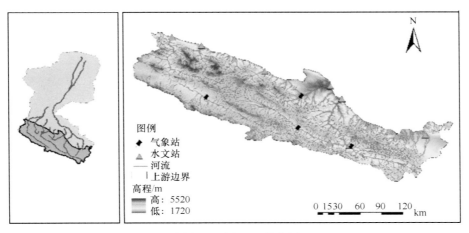

彩图 1　研究区及其位置

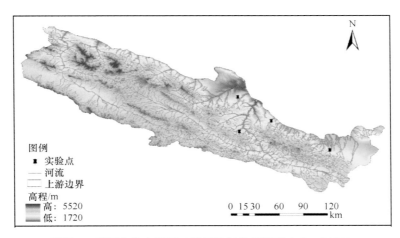

彩图 2　黑河上游水系图（黑河计划数据管理中心，2011）

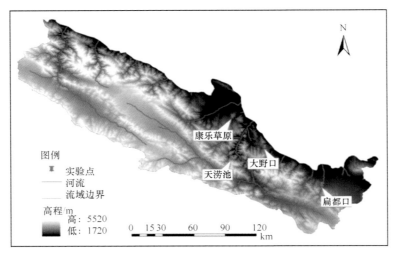

彩图 3　研究区域及径流场分布

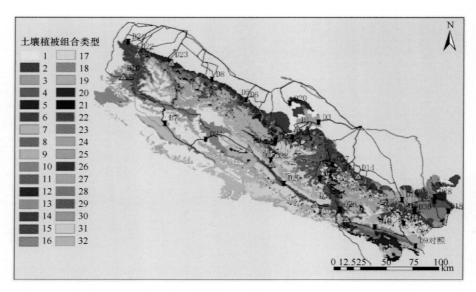

彩图 4　研究区域土壤植被组合类型划分及定位观测点分布

彩图 5　人工降雨水分监测探头布置示意图

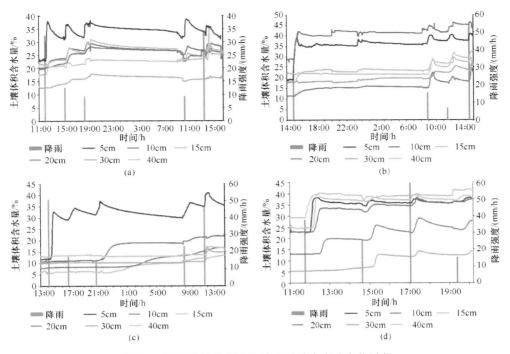

彩图6 不同草地类型人工降雨试验中水分变化过程

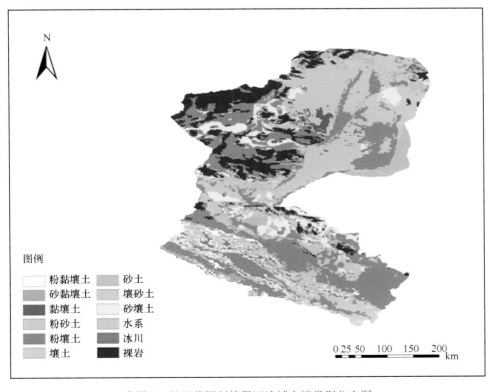

彩图7 基于美国制的黑河流域土壤类型分布图

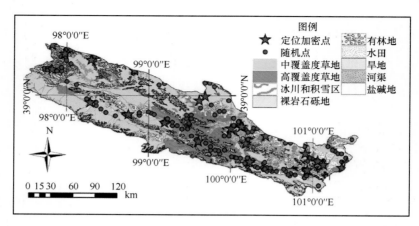

彩图8 黑河上游土壤有机质采样点分布图（张沛，2015）

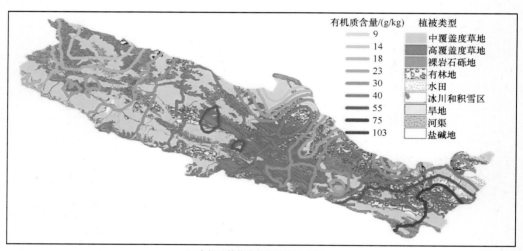

(a)有机质等值线与植被类型叠加

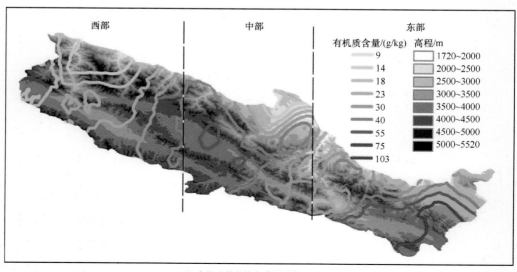

(b)有机质等值线与高程叠加

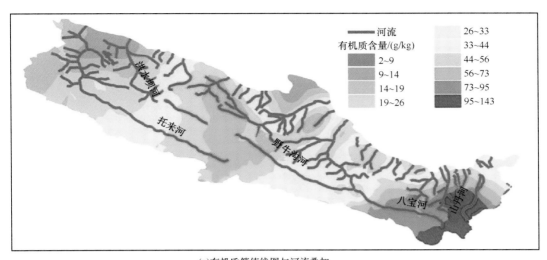

(c)有机质等值线图与河流叠加

彩图 9　黑河上游土壤有机质与不同地表情况叠加图（张沛，2015）

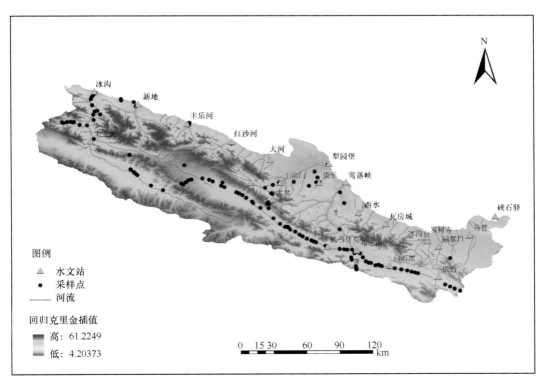

彩图 10　黑河上游 0～10 cm 土壤水分回归克里金插值结果

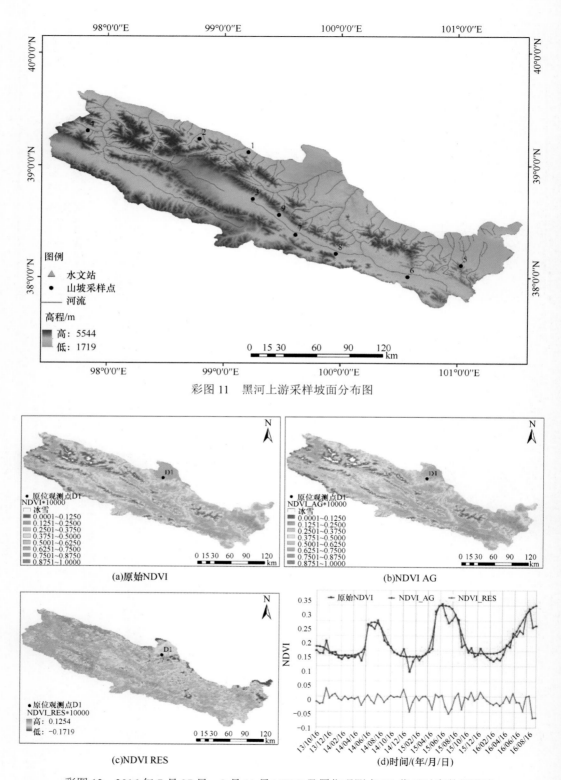

彩图 11　黑河上游采样坡面分布图

(a)原始NDVI

(b)NDVI AG

(c)NDVI RES

(d)时间/(年/月/日)

彩图 12　2016 年 7 月 27 日～8 月 11 日 NDVI 及原位观测点 D1 像元时序数据重建

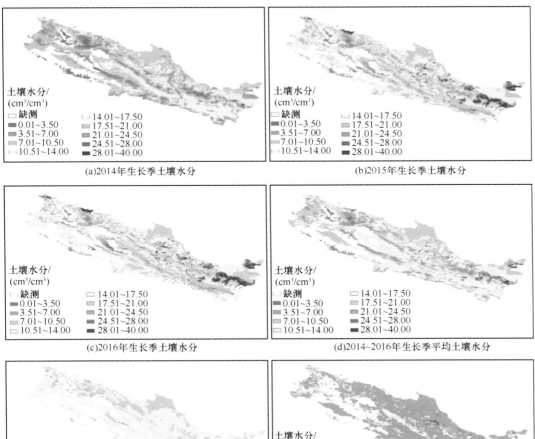

彩图 13　生长季土壤水分空间分布及年际变化

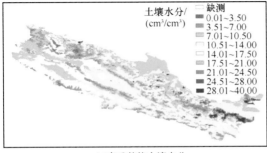

(a)春季整体土壤水分
(b)夏季整体土壤水分

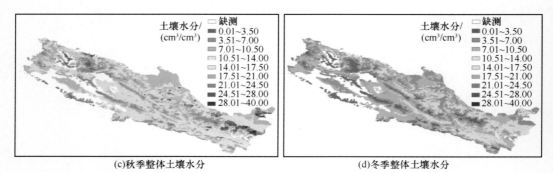

(c)秋季整体土壤水分   (d)冬季整体土壤水分

彩图 14 土壤水分季节空间分布及季节变化

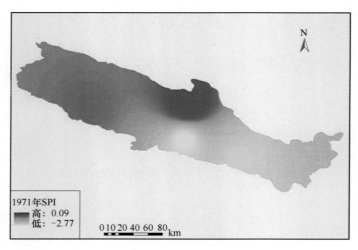

彩图 15 黑河上游 1971 年干旱空间分布（蒋忆文等，2014）

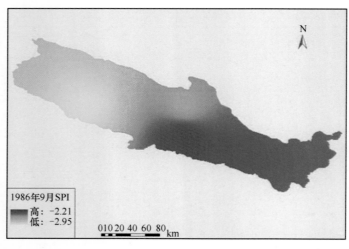

彩图 16 黑河上游 1986 年 9 月干旱空间分布（蒋忆文等，2014）

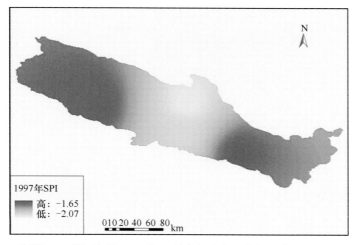

彩图 17　黑河上游 1997 年干旱空间分布（蒋忆文等，2014）

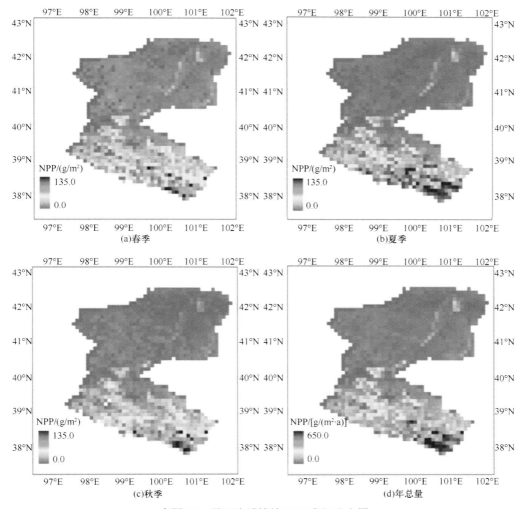

彩图 18　黑河流域植被 NPP 空间分布图

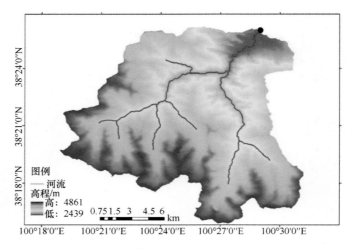

彩图 19　研究区

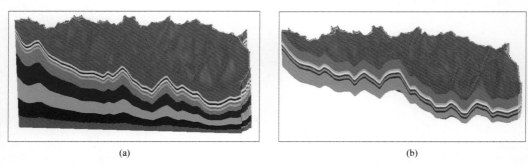

(a)   (b)

彩图 20　模型纵剖面图（不同颜色代表不同层数）（田杰等，2014）

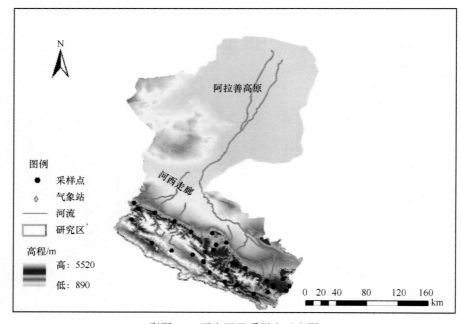

彩图 21　研究区及采样点示意图

彩图 22　饱和导水率定水头测量装置

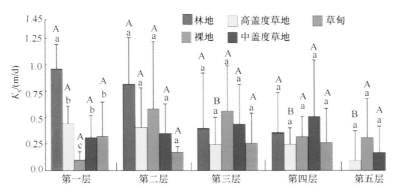

彩图 23　不同土层 K_S 的变化

不同的大小写字母分别表明 K_S 在不同土层、植被之间存在显著差异

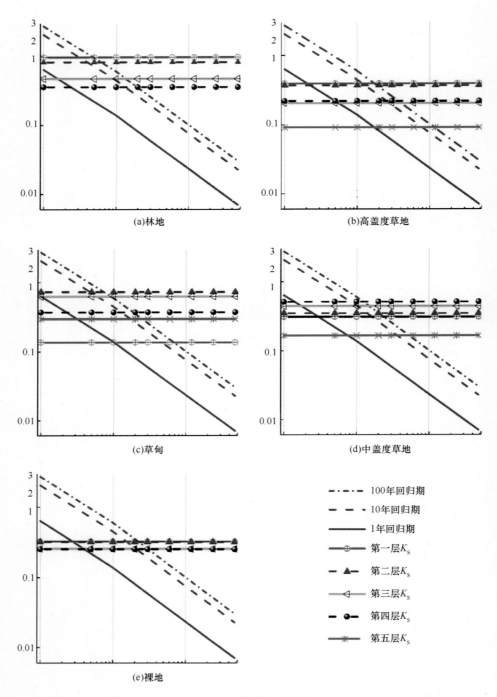

(a)林地

(b)高盖度草地

(c)草甸

(d)中盖度草地

(e)裸地

彩图 24　IDF 曲线与不同植被类型的剖面不同土层 K_S

X 轴为降雨历时/h；Y 轴为降雨强度与 K_S 值/(m/d)

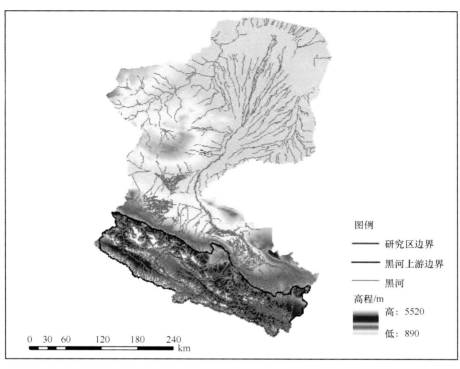

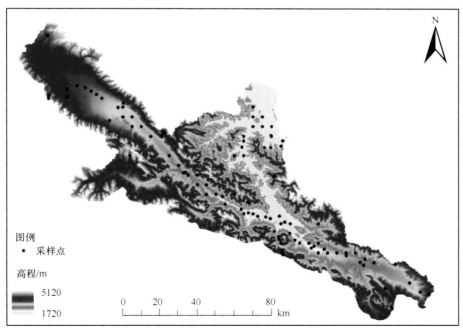

彩图 25　黑河上游位置及土壤样品采集点分布图

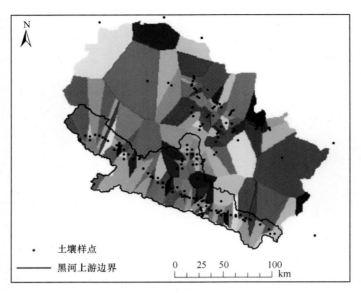

彩图 26　黑河中上游流域土壤类型图

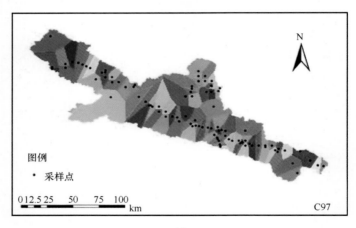

(a)

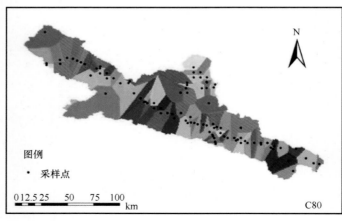

(b)

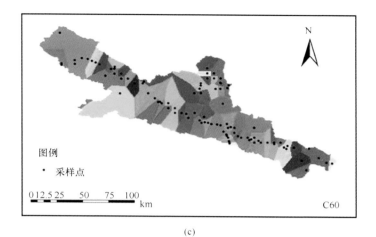

(c)

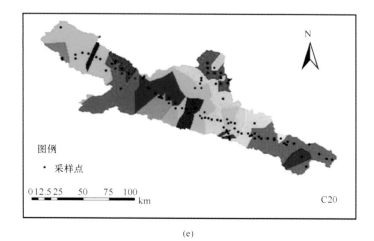

(d)

(e)

彩图 27 REDCAP 空间聚类后的黑河上游土壤类型图

C97 代表有 97 种土壤类型，C80 代表有 80 种土壤类型，以此类推，每种颜色代表一种土壤类型。数据库为 C0

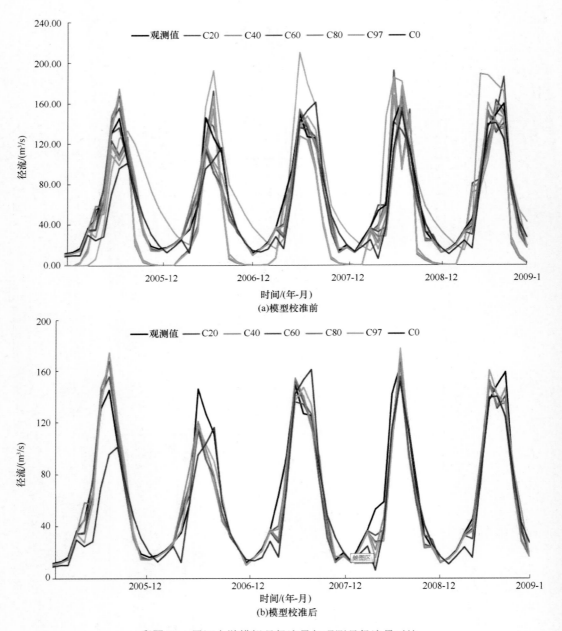

彩图 28　黑河上游模拟月径流量与观测月径流量对比